JN008800

Beginners

はじめての 多肉植物

nurture
育てる

ふやす
increase

enjoy!
楽しむ

オザキフラワーパーク 監修

はじめての多肉植物
育てる・ふやす・楽しむ

多肉植物の多くは雨の少ない乾燥した環境で生育しています。そのため、葉や茎、根の一部などが、水分をたくさん含んだ「多肉質」になっています。この特徴をもつものが多肉植物と総称され、個性的でユニークな姿が多く、手間もそれほどかからないことから人気となっています。たくさんの種類のなかからお気に入りのひとつを見つけましょう。

Contents

Part 1 多肉植物の楽しみ方

Part 2 多肉植物の基本

Part3 多肉植物図鑑

Part4 サボテンほか 多肉植物図鑑

図鑑部分の見方

本書のPart3、Part4の図鑑部分の見方を紹介します。分類における学名はAPG分類体系に準拠しています。

属名
植物分類学上の属名ごとに分かれています。一部、交配された通名、品種名のみのものがあります。

DATA
原産地 対象の属の主な自生地です。
タイプ 日本で栽培する場合の生育型を表します。
開花期 対象の属の主な開花期です。品種によっては、開花期が異なる場合があります。
難易度 栽培の難易度を🌱やさしい、🌱🌱ふつう、🌱🌱🌱難しいで表します。徒長しやすいもの、管理に手間がかかるものほど難易度は上がります。

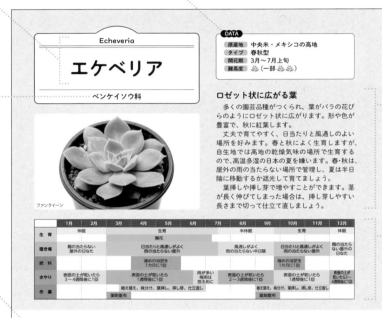

Echeveria
エケベリア
ベンケイソウ科

DATA
原産地 中央米・メキシコの高地
タイプ 春秋型
開花期 3月～7月上旬
難易度 🌱（一部 🌱🌱）

ファンクイーン

ロゼット状に広がる葉
多くの園芸品種がつくられ、葉がバラの花びらのようにロゼット状に広がります。形や色が豊富で、秋に紅葉します。
丈夫で育てやすく、日当たりと風通しのよい場所を好みます。春と秋によく生育しますが、自生地では高地の乾燥気味の場所で生育するので、高温多湿の日本の夏を嫌います。春・秋は、屋外の雨の当たらない場所で管理し、夏は半日陰に移動するか遮光して育てましょう。
葉挿しや挿し芽で増やすことができます。茎が長く伸びてしまった場合は、挿し芽しやすい長さまで切って仕立て直しましょう。

	1月	2月	3月	4月	5月	6月	7月	8月	9月	10月	11月	12月
生育	休眠			生育				半休眠		生育		休眠
			開花									
置き場	雨の当たらない屋外の日なた		日当たりと風通しがよく雨の当たらない屋外				風通しがよく雨の当たらない半日陰		日当たりと風通しがよく雨の当たらない屋外		雨の当たらない屋外の日なた	
肥料					薄めの液肥を1カ月に1回					薄めの液肥を1カ月に1回		
水やり	表面の土が乾いたら3～4週間後に1回			表面の土が乾いたら1週間後に1回		雨が多い梅雨は控えめに		表面の土が乾いたら2～3週間後に1回		表面の土が乾いたら1週間後に1回		表面の土が乾いたら3～4週間後に1回
作業				植え替え、株分け、葉挿し、挿し芽、仕立て直し					植え替え、株分け、葉挿し、挿し芽、仕立て直し			
		薬剤散布							薬剤散布			

科名
植物分類学上の科名です。

特徴と栽培のポイント
主な特徴と共通する栽培のポイントを解説します。

栽培カレンダー
関東以西の温暖地を基準とし、生育サイクルと作業の適期を12カ月で表したカレンダーです。栽培する種類、環境やその年の気候などで作業時期を変えたほうがよい場合もあるので、目安として参考にしてください。

植物名
流通名・品種名、学名、和名を表記します。

学名
属名＋種小名を基本としていますが、多肉植物の園芸品種の場合、かけ合わせが不明なものが多く、そのようなものは属名＋「'園芸品種名'」としています。品種名も明確でないものは属名＋「―」としています。

アイボリー
Echeveria 'Ivory' / *Echeveria* 'J.C. Van Keppel'

別名 ケベル、ヴァンケッペル
タイプ 春秋型
難易度 🌱
直径 4.5cm

アイボリーの流通名で多く出回る。葉はふっくらとして丸みを帯び、紅葉すると葉色がアイボリーに変化し、葉先はピンクに色づく。子株が出るので株分けで増やす。

48

別名
別名があるものを表記します。

タイプ
対象の植物の生育型を表します。

難易度
栽培の難易度を🌱やさしい、🌱🌱ふつう、🌱🌱🌱難しいで表します。

直径
掲載している植物の葉の広がりです。大きさの参考にしてください。

特徴
植物の特徴と栽培の注意点などを解説します。栽培については基本的に栽培カレンダーと共通ですが、種類によって違う場合はこちらで追記します。

Part 1

多肉植物の 楽しみ方

多肉植物は個性的なフォルム、窓と呼ばれる半透明な部分、葉の色、寄せ植えなど楽しむポイントはたくさんあります。見た目の面白さや寄せ植えのつくり方を紹介します。

ユニークなフォルムを楽しむ

多肉植物の特徴は、なんといってもそのユニークなフォルム。
葉がぷっくりとしたタイプや、
ロゼット状に広がり花のように見えるもの、
ころんと転がる石のような形をしたタイプ、
ワイルドなトゲがあるものなど、
形のバリエーションが豊富です。
好みのものをコレクションしたり、寄せ植えで楽しんだり、
多肉植物のユニークなフォルムから、楽しみ方が広がります。

（左から）熊童子、野薔薇の精、恋心、火祭り、新玉つづり、ファンファーレ、銘月

宝石のような「窓」のきらめきを楽しむ

多肉植物のなかには、
葉に「窓」と呼ばれる
透明感のある部分をもつものも。
光に当てるとより美しさが際立ちます。

雫石

多肉植物の葉の色は緑色だけではなく、
シックな青緑色や紫がかったもの、
赤、黄色など色とりどり。
なかには紅葉する種もあり、
美しい葉の色合いも魅力です。

美しい葉の色合いを楽しむ

月美人、胡蝶の舞、火祭り

寄せ植えで
たくさんの多肉植物を
一度に楽しむ

寄せ植えなら、自分好みの多肉植物を一度にたくさん楽しめるのがよいところ。世界にひとつだけのオリジナルの寄せ植えをつくりましょう。

センペルビウムなど

多肉植物の寄せ植えのつくり方

多肉植物は寄せ植えにすると、より魅力が増します。
ここでは、寄せ植えのポイントやレイアウトのコツ、つくり方を紹介します。

寄せ植えのポイント

多肉植物の寄せ植えをつくるときには、時期や使う苗に注意します。また、寄せ植え後の管理にも気をつけましょう。

寄せ植えの適期

寄せ植えに適した時期は、植え替えと同じ時期です。これ以外の時期に行うと生育が悪くなるので避けるようにします。

生育型が同じものを使う

生育型が同じもの同士を使うのもポイントです。管理がしやすくなり、見栄えもキープできます。

水やりはたっぷり

寄せ植えをつくり終えたら、鉢底穴から出る水がきれいになるまでたっぷり水やりをし、みじんを流しましょう。

寄せ植えの管理方法

多肉植物の寄せ植えは、直射日光を避けて、日当たりと風通しのよい場所で管理します。

レイアウトのコツ

寄せ植えはレイアウト次第でいかようにも楽しめます。多肉植物の形や色を上手に生かすのがレイアウトのコツです。

メインを決める

まずメインにする多肉植物を決め、メインの多肉植物を引き立てるようにほかの多肉植物をレイアウトしていきます。このとき、高低差をつけるようにしたり、三角形を意識してレイアウトするときれいにまとまります。

「若緑」で高さを出し、三角形を組み合わせたレイアウトに。

さまざまな形の種を組み合わせる

多肉植物はさまざまな形があります。その形を生かし、組み合わせて寄せ植えをつくりましょう。大小のロゼットタイプを集めるのもいいですし、高さがあるタイプや垂れ下がるタイプを上手に組み合わせるのもおすすめです。

サボテンと垂れ下がるタイプの多肉植物を組み合わせて。

色の組み合わせ

色の組み合わせ方は、緑色の同系色や類似色でまとめたり、差し色に赤や紫の葉の種類を使うなどするとよりきれいに仕上がります。同系色の寄せ植えにする場合は、色のグラデーションを意識するとメリハリがつきます。

奥に濃い色や差し色となる種類を、手前にパステルカラーの種を配置し、奥行きを出す。

カラフルな9種の寄せ植え

葉の形、色の違う9種類の多肉植物の寄せ植えです。「エンジェルティアーズ錦」を垂れ流すように使うことで立体感が生まれます。

鉢のサイズ：奥行き7cm×幅15cm×高さ6cm
使用した多肉植物：（鉢の左奥から時計回りに）クリニタ、チョコライン、モロキエンシス、火祭り、ブラウンバニー、折鶴、エンジェルティアーズ錦、バニラシフォン、桃太郎

鉢の鉢底穴に鉢底ネットを置く。

鉢底石を2cm程度、用土を鉢の縁から1cm程度まで入れる。

ポットから苗を抜き、根鉢を崩す。

下葉、枯れ葉は取り除く。根が長い場合は切る。

できあがりをイメージしながら苗を置く。

根本に土を流し入れる。

ピンセットで土を突き、株を固定する。

水やりをし、日当たりのよい場所で管理する。

多肉植物のリース

あらかじめ数種類ミックスされた苗を使えば、グリーンリースもローコストでつくれます。

鉢のサイズ：直径15cm×幅3.5cm×高さ5cm
使用した多肉植物：エケベリア4種類のミックス

1 鉢に付属していたプラスチックに、鉢底穴に合わせて穴をあける。

2 プラスチックの穴に鉢底ネットを置き、鉢底石、用土を入れる。

3 ポットから苗を抜き、根鉢を崩して、株を分ける。茎を2〜3cm残して切る。

4 バランスを見ながら挿す。葉の色の濃淡や大きさの強弱をつけるとよい。

5 苗を挿し終えたら、根や株の隙間に用土を入れる。

6 ピンセットで土を突き、株を固定する。

7 用土が葉の間に入ってしまったら、筆などで取り除く。

8 水やりをし、日当たりのよい場所で管理する。

15

鉢の選び方

多肉植物は地植えもできますが、鉢植えが一般的です。
どんな鉢で育てるとよいのかチェックしましょう。

プラ鉢の鉢底は、メッシュタイプになっているものが多く、水はけがかなりよい。

一般的な素焼きなどの鉢底は、穴がひとつの場合が多い。鉢底石を敷いて水はけをよくする。

鉢底穴が大きい鉢を選ぶ

栽培に適している鉢は、鉢底穴が大きな鉢です。多肉植物は、水はけが悪いと元気に育たないため、水抜きの穴が大きい鉢ほどおすすめです。できるだけ、鉢底穴がある鉢で栽培しましょう。

鉢の素材の性質を見極める

鉢の素材には、プラスチック、陶器、素焼きなどさまざまありますが、それぞれに一長一短があります。鉢の性質を見極めて使うようにするのがコツです。

素焼き・陶器
水はけ・通気性がよく、栽培する上で適している。

プラスチック
軽く扱いやすく、安価なものが多い。

鉢カバー

木製、ブリキなど鉢底穴のないものは鉢カバーとして利用します。一回り小さな鉢に植えて鉢カバーの中に入れます。水やりの際に取り出す手間はありますが、室内のインテリアとして多肉植物を利用する場合は効果的です。

受け皿の使い方

受け皿は水やりのときに流れ出る水を受けるためのもの。室内などに置くときに受け皿を使用する場合は、受け皿に残った水は捨て、鉢底から水が吸い上げないようにします。

2

多肉植物の
基 本

多肉植物にはそれぞれ生育型のタイプがあります。
一般的な草花と大きく違い、はじめて多肉植物を
育てる場合は、種類によって注意が必要です。多
肉植物を購入する前に、まずは性質・栽培の基本
を抑えましょう。

多肉植物の生育型タイプ

多肉植物には、3つの生育型のタイプがあります。
それぞれの特徴を知って、適切に育てましょう。

生育型に応じた管理作業を

多肉植物は、「生育型」と呼ばれる生育する時期の違いによって「春秋型」「夏型」「冬型」の3つのタイプに分けられます。これは、自生地の気温を日本の四季に当てはめて分けられています。

また多肉植物の生育サイクルには、生育期(盛んに成長する時期)、緩慢期(生育期と休眠期の間で、緩やかに成長する時期)、休眠期(成長を停止する時期)があります。多肉植物を上手に育てるには、この生育型と生育サイクルを確認しておくことがポイントです。

生育型に応じて管理作業を行います。たとえば、生育期はたっぷりと水やりをする、肥料を与える、植え替えなどに適した時期です。休眠期には断水する、適切な場所に移動するなどの管理作業があります。

注意したいのは、同じ属でも一部の種類によって生育型が異なるという点です。多肉植物を購入する際には、名前や属名が書かれた名札を取っておくようにし、生育型に応じた育て方、管理をしましょう。

春秋型

「春秋型」は、穏やかな春と秋に生育します。3つの生育型のなかでも1番種類が多く、ベンケイソウ科のほとんどがこの春秋型です。花が春先に咲くものが多く、紅葉するものもあります。生育適温は10～25℃程度です。日本の高温多湿が苦手なので、夏の管理には注意しましょう。

代表的な種類

アドロミスクス(P42)、エケベリア(P48)、グラプトペタルム(P91)、グラプトベリア(P95)、コチレドン(P100)、セダム(P110)、セネシオ(P124)、センペルビウム(P128)、ハオルチア(P132)、パキフィツム(P137)など

エケベリア(チュブス)

セダム(虹の玉)

春秋型の生育サイクルと管理・作業

※一般的な例

置き場所：風通しのよい日なた。1℃を下回る場合は室内に移動
水やり：土の表面が乾いたら3～4週間後に1回または断水
肥料：—
作業：—

置き場所：風通しのよい日なた
水やり：徐々に増やす
肥料：—
作業：植え替え、株分け、葉挿し、挿し木

置き場所：風通しのよい日なた
水やり：土の表面が乾いたら1週間後にたっぷり
肥料：薄めの液肥を1カ月に1回
作業：植え替え、株分け、葉挿し、挿し木

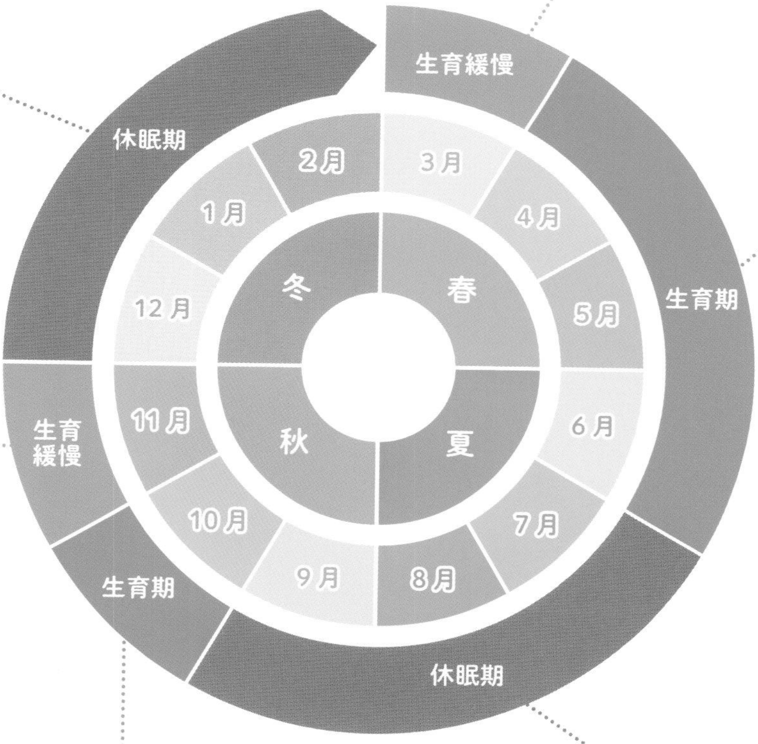

休眠期
生育緩慢
生育期
生育緩慢
生育期
休眠期
1月
2月
3月
4月
5月
6月
7月
8月
9月
10月
11月
12月
冬
春
夏
秋

置き場所：風通しのよい半日陰
水やり：土の表面が乾いたら2～4週間後に1回または断水
肥料：—
作業：—

置き場所：風通しのよい日なた
水やり：土の表面が乾いたら1週間後にたっぷり
肥料：薄めの液肥を1カ月に1回。紅葉させたい場合は与えない
作業：植え替え、株分け、葉挿し、挿し木

置き場所：風通しのよい日なた
水やり：土の表面が乾いたら2～3週間後にたっぷり
肥料：—
作業：—

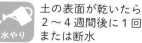

夏型

夏前の5月から秋口の9月中旬頃に生育期を迎えるタイプで、生育適温は20〜35℃程度。ほかの生育型にくらべ、暑さに強いのが特徴といえます。

代表的な種類

アガベ(P41)、アロエ(P44)、ガステリア(P70)、カランコエ(P71)、クラッスラ(P78)の一部など

カランコエ(月兎耳)

夏型の生育サイクルと管理・作業　※一般的な例

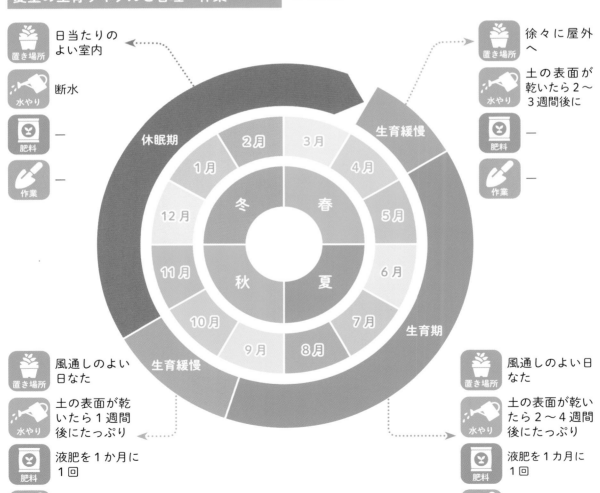

休眠期

置き場所　日当たりのよい室内

水やり　断水

肥料　—

作業　—

生育緩慢

置き場所　徐々に屋外へ

水やり　土の表面が乾いたら2〜3週間後に

肥料　—

作業　—

生育緩慢

置き場所　風通しのよい日なた

水やり　土の表面が乾いたら1週間後にたっぷり

肥料　液肥を1か月に1回

作業　植え替え、株分け、挿し木

生育期

置き場所　風通しのよい日なた

水やり　土の表面が乾いたら2〜4週間後にたっぷり

肥料　液肥を1カ月に1回

作業　植え替え、株分け、挿し木

冬型

冬に生育期を迎えるタイプで、5〜23℃が生育適温です。ただし、5℃未満の寒さと夏の蒸し暑さは苦手なので注意して管理しましょう。

代表的な種類

アエオニウム（P38）、クラッスラ（P78）の一部、コノフィツム（P105）、ダドレア（P130）、リトープス（P149）など

アエオニウム（カシミヤバイオレット）

冬型の生育サイクルと管理・作業　※一般的な例

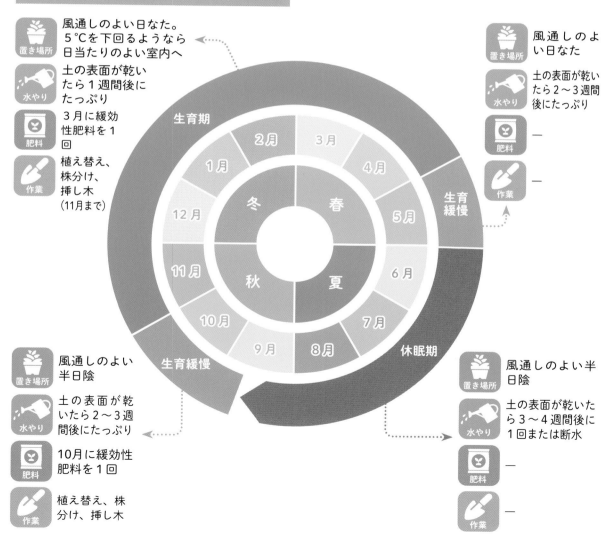

置き場所 風通しのよい日なた。5℃を下回るようなら日当たりのよい室内へ

水やり 土の表面が乾いたら1週間後にたっぷり

肥料 3月に緩効性肥料を1回

作業 植え替え、株分け、挿し木（11月まで）

置き場所 風通しのよい日なた

水やり 土の表面が乾いたら2〜3週間後にたっぷり

肥料 —

作業 —

生育期

生育緩慢

休眠期

生育緩慢

冬　春　秋　夏

2月　1月　12月　11月　10月　9月　8月　7月　6月　5月　4月　3月

置き場所 風通しのよい半日陰

水やり 土の表面が乾いたら2〜3週間後にたっぷり

肥料 10月に緩効性肥料を1回

作業 植え替え、株分け、挿し木

置き場所 風通しのよい半日陰

水やり 土の表面が乾いたら3〜4週間後に1回または断水

肥料 —

作業 —

用土と肥料

多肉植物を育てる土は、草花や庭木を育てる土と異なります。
どのような特徴の土が適しているのか、また肥料についても解説していきましょう。

 ## 水はけのよい土を用意する

　多肉植物は休眠期に株を乾燥させる必要があるため、水はけのよい土を用意することが大切です。水はけのよい土にするためには、赤土玉や鹿沼土、軽石を基本用土とし、そこにバーミキュライトやもみ殻くん炭、ゼオライトといった改良材を混ぜ込んで使います。

　もちろん、市販されている多肉植物用の土でも問題ありません。多肉植物用の土には、ｐＨが調整され（弱酸性）、排水性、保水性、肥料が調合されています。

　肥料は、基本的に生育期に与えます。与える量は草花などを育てるときよりも少ない量でかまいません。これは、多肉植物の自生地が砂漠や瓦礫地といった厳しい環境であるため、多くの肥料を必要としないからです。

　肥料はうまく使い分けることがポイントです。植えつけや植え替えの場合には、固形の緩効性化成肥料や粒状の化成肥料を土に混ぜ込みます。生育期の追肥の場合には、即効性のある液肥や活力剤を水で薄めて与えましょう。

基本用土と改良材

赤玉土、鹿沼土を基本用土にして、腐葉土、くん炭、バーミキュライトの改良材を混ぜることで、多肉植物を育てるのに適した水はけのよい土になります。

赤玉土

火山灰土の赤土を乾燥させたもの。通気性、保水性、保肥性がある。

鹿沼土

栃木県鹿沼産の軽石。強い酸性で、通気性と保水性がある。

バーミキュライト

蛭石（ひるいし）を高温で焼いたもの。水はけ、保水性、保肥性、通気性を高めたいときに使う。タネまきの用土としても。

もみ殻くん炭

もみ殻を低温で蒸し焼きにし、炭化させたもの。排水性を高め、土の浄化、土の酸度を中和する役割がある。

ゼオライト

多孔質の粘土鉱物。水の浄化、保肥力アップの効果がある。鉢底穴のない容器での栽培にも使える。

― おすすめの配合 ―

赤玉土	:	鹿沼土	:	もみ殻くん炭	:	バーミキュライト	:	ゼオライト
5		3		1		0.5		0.5

多肉植物に与える肥料

肥料には、固形タイプは元肥に、液体タイプは追肥になど、使い分けるとよいでしょう。休眠期や半休眠期に与えると傷んでしまうことがあるため、必ず生育期に与えます。

緩効性化成肥料

肥料の3要素（窒素、リン酸、カリ）が2種類以上含まれている化学肥料。8-8-8などバランスの取れたものが使いやすい。生育期の植え付けや植え替えのときに、用土にひとつまみほど入れて使うとよい。

液体肥料

緩効性化成肥料は効き目が緩やかだが、液体肥料は速効性があるのが特徴。与え方は、生育期に規定倍率よりもやや薄めに希釈して、ジョウロなどで与える。液体肥料なら追肥が手軽にできて便利。

多肉植物用の土を使う

園芸店やホームセンターなどには、多肉植物用の土が市販されています。多肉植物用の土は、あらかじめ水はけ、保水性、保肥力に優れた配合になっています。ただし、水はけがよすぎることもまれにあるため、そういった場合は、赤玉土を20%ほど混ぜて用土にするとよいでしょう。

市販の多肉植物用の土に赤玉土を20%加える。

株の選び方

多肉植物を長く、楽しく育てるには、健康な株を選ぶことが鉄則です。
ここでは、よい株を選ぶポイントを紹介します。

よい株選びは「店」「季節」「見た目」がポイント

多肉植物が購入できるお店は、園芸店やホームセンターだけでなく、インターネットショップや100円ショップ、雑貨店でも購入できます。また、多肉植物専門店や、展示即売会、愛好団体が開催するイベントでも購入可能です。今や、さまざまな場所で多肉植物が購入できることもあり、よい株を購入するにはお店選びが重要となってきます。

よりよいお店を選ぶには、多肉植物によく日が当たり、風通しがよく、管理が行き届いているお店であるかがポイントです。こうしたお店であれば、購入後もよく育つでしょう。

購入する季節は、春、または秋がおすすめです。春や秋がオススメの理由は、多くの種類が店頭に並ぶことや、多肉植物の栽培をスタートさせるのによい時期だからです。春や秋にお店を訪れてみてください。

よい株の条件は、「株姿が引き締まっている」、「葉や茎、幹の色につやがあり、色がよい」ことがあげられます。こうした好条件のものを選ぶようにしましょう。

よい株と悪い株の見分け方

お店で多肉植物を購入する際には、色つやがよく、元気な印象のものを選びましょう。

悪い株

徒長している

葉の色が薄く、ぼんやりとした色味

葉が落ちている

よい株

葉や茎の色がよく、つやがある

株姿が引き締まっている

多肉植物の置き場所

多肉植物を育てるときにポイントとなるのが、置き場所です。
どこで育てるとよく育つのか、育てる環境を知っておきましょう。

屋外、日当たり、風通しのよい場所が最適

多肉植物の種類によって多少の違いはありますが、一般的には屋外の日当たり、風通しのよい場所を好みます。

多肉植物は屋内でも育てることができますが、屋外で育てた場合にくらべると圧倒的に光量が不足し、風通しも悪くなります。よって、できるだけ屋外で育てるようにします。

日当たりは、1日4時間以上日が当たる場所がよいでしょう。また、方角は東向き、または南向きが適しています。

風通しのよい場所は、壁などに囲まれていない台や棚の上などです。地面に鉢を直接置いてしまうと風通しが悪くなるので、直置きは避けるようにしましょう。

日当たり、風通しのよい場所が確保できない場合は資材を使って多肉植物が好む環境を整えてください。

また、多肉植物は日本の夏の高温多湿、強い日差しを嫌います。こういった時期は寒冷紗やサーキュレーターなどで調整しましょう。

基本的な置き場所のポイント

多肉植物を育てるときは、日当たり、風通しがよい場所に置くのが基本です。ただし、季節や気温によっては置き場所を変えましょう。

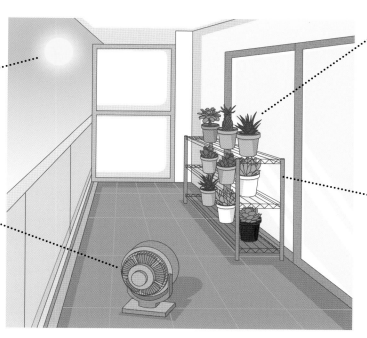

**日当たりの
よい場所に**

東向きか南向きの日当たりがよい場所を選ぶ。1日4時間程度日が当たる場所がベスト

**風通し・
湿気対策**

風通しが悪い、湿気を飛ばしたいときには、サーキュレーターや扇風機を使うとよい

**雨が当たら
ないように**

ベランダや軒下に置き、雨が直接当たらないようにする

**台や棚を活用して
風通しよく**

多肉植物を台や棚の上に置き、風通しのよい環境をつくる

夏越し・冬越し・長雨時期の対策

多くの多肉植物は、高温多湿と寒さ、雨によるダメージを受けやすいです。
元気に育てるために、夏越し、冬越し、長雨時期の対策を確認しておきましょう。

苦手なものを取り除く工夫を

多肉植物が苦手な時期には、夏、冬、梅雨や秋雨といった長雨の時期があります。日本の夏は、高温多湿で蒸れやすいこと、また、強い日差しによる葉焼けを起こしやすくなります。冬は気温が低く、霜や雪が心配です。長雨の時期は雨によって蒸れる可能性があります。こうした暑さ、蒸れ、寒さは、多肉植物にダメージを与えます。それぞれの時期で、苦手なものを取り除き過ごしやすいように工夫することが大切です。

夏越しの対策は、風通しをよくすることに限ります。また、強い日差しが苦手な種のものは、明るい半日陰に移動したり、寒冷紗やよしずなどで遮光しましょう。

冬越しの対策は、凍結させないようにすることです。管理する場所の最低温度を5～10℃を目安にします。夏型は断水し、冬型は高温になりすぎないように注意してください。

長雨の時期は、多肉植物が雨に当たらないよう、軒下や室内に移動させて管理します。また、蒸れないように風通しをよくしましょう。

夏越しの方法

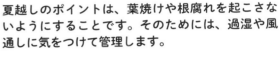
夏越しのポイントは、葉焼けや根腐れを起こさないようにすることです。そのためには、過湿や風通しに気をつけて管理します。

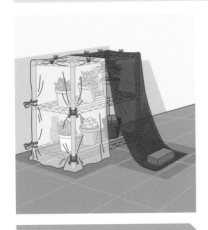

日差しを調節する

春秋型と冬型は白い寒冷紗をかけるか明るい半日陰に移動し、強い日差しを避ける。葉焼けしやすい斑入り品種は黒い寒冷紗やよしずなどで遮光するとよい。

風通しをよくする

風通しをよくするために扇風機やサーキュレーターを使うのがおすすめ。そのほか、風通しのよい場所に移動してもよい。

水やりは涼しい時間に

夏の暑い時期の水やりは、朝や日が高い時間に行うと土中が蒸れ、根腐れの原因となる。そのため、早朝や夕方、夜の涼しい時間に行うとよい。

冬越しの方法

冬越しのポイントは凍結を防ぐことです。最低気温に注意し、夏型は5℃、春秋型と冬型は1℃を下回るようなら室内へ移動させます。

日当たりのよい室内へ移動

夏型は5℃、春秋型と冬型は1℃を下回るようなら室内の日当たりのよい窓辺などに移動させる。暖房機器の近くには置かないように注意。

夜は暖かい場所に移動

夜になると窓際から冷気が入りこむことがあるため、窓辺に置きっぱなしにしないこと。窓際から離し、暖かい場所に移動する。

簡易フレームを使う

サボテンなどの夏型は、簡易フレームを使うとよい。簡易フレームには、園芸用ヒーター、温度計・湿度計を入れ、最低10℃以上をキープする。

長雨の時期の管理方法

雨も過湿、蒸れの原因となります。そのため、梅雨や秋雨など長く雨が続く時期は、雨に当てないように管理することが大切です。

雨が当たらない場所へ移動する

基本的に多肉植物は雨に当てないようにします。とくに気をつけたい梅雨や秋雨など長く雨が続く時期は、雨に当たらないよう、室内や軒下に移動させましょう。また、これらの時期は雨を避けても土がなかなか乾かないことがあります。そのような場合には、扇風機などで風を送り、風通しをよくしたり、水やりの回数を減らして調整するようにします。

上手な水やりの方法

多肉植物の栽培の失敗の原因といわれるのが水やりです。
上手な水やり方法を覚えましょう。

土が乾いてからたっぷり与える

多肉植物の水やりのポイントは3つあります。1つ目は、用土が乾いたら鉢底から流れるまでたっぷりと水を与えることです。こうすることで、根から出る老廃物を流し、新鮮な空気を送り込むことができます。「用土が乾いたら」というのがわかりづらい場合は、鉢の表面が乾いてから3〜4週間おくとよいでしょう。また、鉢の土に木の棒をさしておき、その棒を抜いて湿り具合を確かめると、どのくらい土が乾燥しているのか調べられます。2つ目は、葉や茎などに水がかからないようにすることです。葉や茎に水がかかってしまうと株が弱ってしまうため、必ず用土に水を与えましょう。3つ目は、水やりは朝に行うことです。昼などの太陽が高い位置にある時間帯に水やりすると、水が鉢の中で高温になることがあります。それを避けるためにも、朝一番に水やりをします。

なお、生育サイクルによって水やりの加減が変わります。生育期は土の乾き具合を見て水やりを行いますが、生育が緩慢な時期や休眠期には水を控えるか完全に断水します。

水やりのコツ

水やりの基本は、鉢底穴から水が出るまでたっぷりと与えること。なるべく葉や茎に当たらないよう用土に水をかけるようにする。

購入後の株を慣らす方法

ティッシュを1枚にはがし、購入した株の上にかぶせて水を入れたスプレーボトルで濡らす。購入後1週間はこの状態で新しい環境に慣らすとよい。

病害虫対策

多肉植物は病害虫の被害が少ない植物ですが、まったくないわけではありません。
被害や症状を知って、事前に予防・対策しましょう。

対策の基本は「予防」と「早期発見」

病害虫対策は、
●日当たり、風通しのよい場所での管理
●水を与えすぎない
●強い日差しを避ける
●作業中の道具の除菌
が大前提です。こうした栽培環境が適切であっても、病気や害虫が発生することもあります。その場合には見つけ次第、すみやかに対処するようにしましょう。

おもな病気や生理障害には、軟腐病や根腐れが

あります。原因は、過湿や蒸れ、日照不足ですので、病気の疑いがある場合には生育環境を見直すことが大切です。また、生育緩慢期や休眠期に水やりを控えるようにします。

多肉植物の害虫被害には、斑点、変色、変形などが見られます。生育期にはしっかり観察し、害虫を見つけた場合にはすぐに駆除すれば大発生を防げます。また、植え付けや植え替え時の用土に粒状の浸透移行性殺虫剤を混ぜておけば、害虫の寄生を防除可能です。

主な病気・障害・害虫とその対策

株をよく観察し、病気や害虫の疑いがあればすぐに対処しましょう。

病名・障害名・害虫名	特徴	対策
すす病	黒いすすのようなかびが繁殖する。アブラムシやカイガラムシの排泄物が原因。	害虫を見つけ次第取り除く。スプレー式の殺虫剤を散布してもよい。
軟腐病	細菌が葉や茎の傷、害虫の食害や吸汁によって侵入し、腐敗して悪臭を放つ。	初期段階なら腐った部分を切り取り、殺菌剤で消毒。株を完全に乾わかし、新しい用土で植え替える。
根腐れ	株元や茎が変色する。寒さや根詰まり、水はけが悪く蒸れた場合に起こりやすい。	被害部分を取り除き、根を完全に乾燥させて新しい用土で植え替える。風通しのよい場所で管理。
葉焼け	葉の表面が黒ずんだり、茶色く変色する。強い光に長時間当たることが原因。	日差しが強い夏の時期などは、遮光したり、半日陰に移動させる。
アブラムシ	体長1〜2mmで黄緑色のものが多い。新芽や花芽などの汁を吸い、生育を妨げる。	見つけ次第取り除く。スプレー式の殺虫剤を散布してもよい。
コナジラミ	体長1〜3mmで黄色〜白い。鉢底から根に寄生し、汁を吸ってふえ、生育を妨げる。	植え替え時に浸透移行性薬剤を用土にまいておくと予防できる。
コナカイガラムシ	体長3〜4mmで白い。風通しの悪い場所や日照不足になると一年中発生する。	見つけ次第取り除く。浸透移行性の殺虫剤を散布する。
ヨトウムシ	体長3〜5cmで、体色は淡い緑や黒褐色。葉や茎を食害し、生育を妨げる。	見つけ次第捕殺する。浸透移行性の殺虫剤を散布して駆除する。
ハダニ	体長0.5mmのクモの仲間。葉の裏から汁を吸い、被害部分はかすりのような状態になる。	殺ダニ剤を散布して駆除する。

株を元気にする植え替え・鉢増し

多肉植物を元気に育てる大事な作業のひとつが「植え替え」、「鉢増し」です。
適期に植え替えを行えば、しっかりとした株に育ちます。

植え替えで株をリフレッシュ

植え替えは、株をリフレッシュし、うまく生育させるために行う作業です。植え替えで土を新しくすることによって、栄養や水分を吸収しやすくします。そのため、購入後または年に1度は植え替えを行うようにしましょう。

多肉植物の植え替え方法には2種類あります。1つは「植え替え」で、もう1つは「鉢増し」です。植え替えは、根鉢をくずして根を整理し、植え替えることをいいます。一方、鉢増しは、現在の鉢よりもひと回り大きな鉢に植え替えることです。

どちらも植え替えるという作業自体は同じですが、植え替えと鉢増しの違いは根鉢を崩すかどうかが違います。

植え替えは、株がいっぱいになって根詰まりした場合や、子株が増えたとき、鉢に根が回ってきたときなどに行います。株を大きくしたい場合は鉢増しを行いましょう。

それぞれの適期は、植え替えは休眠明け直前から生育期前半までに、鉢増しは生育期から休眠前までに行うようにします。

植え替えのやり方

植え替えは、基本的に鉢に根が回ってきたら行う作業です。新しい用土で植えつけましょう。

1 苗をポットから出し、根鉢を崩す。根本の傷んだ葉を取り除く。

2 根の整理をする。傷んだ根を取り除き、白くて太い健康な根を残す。

3 鉢に、新しい鉢底石、用土を入れる。

4 片手で株を支えながら用土を流し入れ、植え付ける。

5 ピンセットの先や割り箸を使って土を突き、株を固定する。

6 鉢底から出る水が透明になるまでたっぷりと水やりをする。

鉢増しのやり方

鉢増しは、ひと回り大きな鉢に植え替えること。株を大きくしたい場合に行います。

1 鉢をひと回り大きい鉢に植え替える。

2 苗をポットから出し、根鉢は崩さないでそのままにしておく。

3 根元の傷んだ葉を取り除く。

4 新たな鉢に、新しい鉢底石、用土を入れる。

5 片手で株を支えながら用土を流し入れ、植えつける。

6 ピンセットの先などを使って土を突き、株を固定する。水やりをする。

株の増やし方

多肉植物は簡単に増やすことができる植物です。
さまざまな方法で、お気に入りの多肉植物を増やせます。

 ## 初心者は株分け・葉挿しがおすすめ

多肉植物の増やし方には、主に「株分け」、「葉挿し」、「挿し木・挿し芽」などの方法があります。増やし方にはさまざまありますが、種類によって、できることが異なるので注意しましょう。

増やし方のなかでも初心者に向いているのは「株分け」「葉挿し」です。株分けは、株元から出てくる株を2つ以上に分けて植える方法です。葉挿しは落ちた葉や取れそうな葉を土に挿す方法です。どちらも失敗が少なく、簡単に増やすことができます。多肉植物を増やすのには適期があります。それは主に生育期です。生育期は、仕立て直しをする時期でもあるので、姿が乱れたりした株を整理するときに出る、子株や茎などを使って増やせます。

この仕立て直しの際に行える増やし方が「挿し木・挿し芽」です。茎が伸びて下葉が落ち、上部のみにしか葉がつかない場合は、葉のついた部分を切り戻し、土に挿します。しばらくすると根が出て、高さをおさえた姿になります。残った茎からは切り口や株元から芽が出ることがあるので残しておくとよいでしょう。

増え方のタイプ

増え方は、主に3タイプに分けられます。それぞれの増え方をおさえておきましょう。

子株で増えるタイプ

親株のまわりに子株が密着するようについて増えるタイプ。株分けをして親株と子株を切り離して分けて増やす。

主な種類：エケベリア、グラプトセダム、センペルビウム、ハオルチアなど。写真はハオルチアのシンビフォルミス。

葉で増えるタイプ

落ちた葉のつけ根から根と芽が出るタイプ。取った葉を土に植えれば増えるが、斑入りは元の性質が出にくいので不向き。

主な種類：グラプトセダム、グラプトベリア、セダム・セデベリア、パキフィツムなど。写真はセダムの虹の玉（にじのたま）。

地下茎・ランナーで増えるタイプ

土の中の地下茎やランナーと呼ばれる地上部に伸びる茎に子株がつくタイプ。茎を切って親株と子株を分けて増やす。

主な種類：グラプトペタルム、セダム、センペルビウムなど。写真はセンペルビウムのグリーンヴァウト。

株分けの手順

子株で増えるタイプは子株が株分けできる大きさになってから行います。ハオルチアのシンビフォルミスの手順を紹介します。

1 鉢から株を抜き取り。古い土を落とし、細い根や傷んだ根は園芸バサミで切り取る。白く太い根を残すようにする。

2 株を手で分ける。大株のものや手で分けにくいものは清潔なハサミやナイフを使って分けるとよい。

3 子株は下葉を取り除き、茎を出す。1日程度明るい日陰に置いて切り口を乾かす。

4 切り口が乾いたら、鉢に植えつける。新しい鉢底石、用土を鉢に入れる。

5 ピンセットで茎をつまみ、用土に挿す。ピンセットがなければ割り箸を使って穴をあけて挿す。

6 鉢底から出る水が透明になるまでたっぷりと水やりをする。その後の管理は通常通りでよい。

葉挿しの手順

葉をはずしやすいものや落ちた葉で、葉挿しをします。グラプトペタルムの朧月（おぼろづき）の手順を紹介します。

1 葉挿しに使う葉を取る。茎が伸びてきたものの下のほうの葉が取りやすい。

2 株の下のほうの傷んでいない葉を、葉のつけ根部分から取る。途中で葉が折れないように注意。

3 乾いた用土に葉のつけ根部分を挿す。この状態で3週間程度明るい日陰で管理する。

4 葉挿しから5週間後の株。つけ根の部分から芽が出てくる。根が伸びていたらそっと取り出し、鉢に植え替える。

ランナー挿しの手順

ランナーが伸びるものは、摘み取って増やすことができます。センペルビウムのグリーンヴァウトの方法を紹介します。

1 ランナーが伸びていたらつけ根から切り取り、ランナーについた葉を摘み取る。

2 茎を挿しやすい長さに切って、切り口を1日程度明るい日陰で乾かしてから植えつける。

仕立て直し・挿し芽の手順

仕立て直しなどに切り戻した先端などで増やす挿し芽。ここではセダムの虹の玉（にじのたま）を紹介します。

1 徒長したものは切り戻して仕立て直す。切り出したものを挿し穂として利用する。

2 茎をできるだけ長くつけるようにして、ハサミで切る。

3 土に挿す部分の葉を取り除き、茎を長く出す。

4 明るい日陰に1日ほど置いて切り口を乾かす。

5 乾いた土に茎を挿し、明るい日陰で管理する。

取った葉の活用

挿し芽で取り除いた葉は、葉挿しに利用できます。用土にばらまいておくだけでも根が出ます。

35

栽培に必要な道具

多肉植物を栽培する上で必要な道具には、一般的な園芸でよく使うものもあれば、
多肉植物特有のものもあります。

ピンセット

植えつけや枯れた下葉を取るときなどに使う。先が真っ直ぐなもの、曲がったもの両方そろえたい。

土入れ

細かい部分に土を入れるときには、小型の土入れを使うと便利。

ハサミ

小型の多肉植物の作業には、刃の部分が細いものが重宝する。手に馴染みやすいものを選ぶ。

ゴム引き手袋

トゲのある多肉植物の作業をするときに使うと安全に作業できる。トゲの鋭いものでは皮手袋がおすすめ。

ジョウロ

株元に水やりをする場合にはハスロが取り外せるタイプがおすすめ。

名札（ラベル）

名札に名前や生育型を書き込んでおくと似たものと区別しやすい。

ブロワー

葉の間につまった土やゴミ、株の中心に溜まった水を吹き飛ばす。

筆

葉や株に付着した土やゴミを取り除くときに使う。

ピンセットつきシャベル

ピンセットとミニシャベルが一体になったもの。小型の多肉ではとくに使いやすい。

3

多肉植物
図鑑

多肉植物の園芸品種は分類学上の同じ「属」でのかけ合わせがほとんど。そのため栽培方法についてはひとつの属であればほぼ同じです。種類ごとの栽培カレンダーとコツを解説します。

Aeonium

アエオニウム

ベンケイソウ科

DATA

原産地	カナリア諸島、北アフリカなど
タイプ	冬型（春秋型に近い）
開花期	3月～7月上旬
難易度	🌱🌱

花のように葉がつく

茎が立ち上がり、葉が先端にロゼット状に広がるものが多く、大株に仕立てられます。

冬型に近い春秋型で、とくに蒸れを嫌うため、梅雨から夏にかけては、風通しのよい雨の当たらない場所で管理します。冬は霜よけのある、軒下や、簡易フレームなどの温度が下がりにくい場所に置き、最低気温は5℃以下にならないように管理します。

ただし、日当たりが悪いと葉の色が悪くなったり、徒長しやすくなったりするので、注意します。徒長したものは切り戻して挿し穂として利用し、仕立て直します。

黒法師（くろほうし）

	1月	2月	3月	4月	5月	6月	7月	8月	9月	10月	11月	12月
生育	生育	休眠	生育				半休眠	休眠		生育		
			開花									
置き場	霜・雨が当たらず5℃以下にならない屋外		日当たりと風通しのよい屋外				日当たりと風通しがよく雨の当たらない屋外			日当たりと風通しがよい屋外		
肥料			薄めの液肥を1カ月に1回							薄めの液肥を1カ月に1回		
水やり	表面の土が乾いたら3～4週間に1回		表面の土が乾いたら1週間後に1回					表面の土が乾いたら3～4週間に1回		表面の土が乾いたら1週間後に1回		
作業			植え替え、株分け、葉挿し、挿し芽、仕立直し							植え替え、株分け、葉挿し、挿し芽、仕立直し		
			薬剤散布							薬剤散布		

アーノルディ

Aeonium loartei

別名	ロアティ
タイプ	冬型
難易度	🌱🌱
直径	7cm

葉はグリーンをベースに中央や縁に赤紫の斑が不規則に入る。葉がベタベタしてゴミがつきやすいので、植え替えや水やりで土がつかないように注意。

愛染錦 あいぜんにしき

Aeonium domesticum f. *variegata*

別 名	−
タイプ	冬型
難易度	
直 径	6.5cm

葉には薄い黄緑色の斑が入り、ロゼット状になる。暑さ、寒さ、蒸れに弱いため、夏は半日陰で、冬は室内の日当たりのよい場所で管理する。

原寸

葉は成長するほど斑が薄くなる。

カシミアバイオレット

Aeonium 'Cashmere Violet'

別 名	−
タイプ	冬型
難易度	
直 径	10cm

丸みを帯びた黒紫色の葉には微毛があり、コンパクトなロゼット状になる。黒法師に似た見た目をしているが、違いはよく分枝すること。

黒法師 くろほうし

Aeonium arboreum 'Zwartkop'

別 名	−
タイプ	冬型
難易度	
直 径	8cm

アエオニウムのなかでもっともポピュラーな品種。光沢のある黒紫色の葉が特徴で、ロゼット状に広がり、シックな印象を与える。

チョコチップ

Aeonium spathulatum

別名	スパチュラツム、仙童唱（せんどうしょう）
タイプ	冬型
難易度	🌱🌱🌱
直径	5cm

小型のアエオニウムで、複数の茎を伸ばし先端にロゼット状に葉を広げる。夏には葉を閉じるように休眠する。

ドドランタリス

Aeonium dodrantale

別名	－
タイプ	冬型
難易度	🌱🌱🌱
直径	7cm

集合した葉がブーケのようになり、かわいらしい印象。アエオニウムには珍しく、秋から春にかけて生育が盛んになる。真夏は完全に断水を。

レモネード

Aeonium 'Lemonade'

別名	－
タイプ	冬型
難易度	🌱🌱🌱
直径	11cm

ロゼット状にボリュームのある黄緑色の葉を広げる。葉の表面に産毛が生え、ややベタつくので植え替えなどで注意が必要。

Agave

アガベ

キジカクシ科

DATA

原産地	中南米
タイプ	夏型　開花期　－
難易度	🌱

鋭いトゲをもつ独特な姿

葉は濃い緑色や青みがかった緑色で、美しい斑が入るものが多く、先端に鋭いトゲがあります。

丈夫で育てやすいものが多いですが、乾燥地帯に自生するため、梅雨や夏の多湿を嫌います。夏は日当たりと風通しのよい、雨の当たらない場所で管理します。

冬は霜の当たらない軒下や簡易フレームなどに置いて管理します。耐寒性のあるものは関東以西の温暖地では庭植えも可能です。

日当たりが悪い場所では葉の色が悪くなるので注意します。

	1月	2月	3月	4月	5月	6月	7月	8月	9月	10月	11月	12月
生育	半休眠	休眠		生育			休眠			生育		
置き場	霜の当たらない屋外または簡易フレーム		日当たりと風通しがよく雨の当たらない屋外			風通しがよく雨の当たらない半日陰				日当たりと風通しがよく雨の当たらない屋外		
肥料						薄めの液肥を2カ月に1回						
水やり	表面の土が乾いたら3〜4週間後に1回		表面の土が乾いたら1週間後に1回				表面の土が乾いたら4〜5日に1回		表面の土が乾いたら1週間後に1回			
作業			植え替え、株分け、葉挿し、挿し芽、仕立て直し							植え替え、株分け、葉挿し、挿し芽、仕立て直し		
			薬剤散布				薬剤散布		薬剤散布			薬剤散布

王妃雷神 おうひらいじん

Agave isthmensis ' Ouhi Raijin ' f. *variegata*

別名	－
タイプ	夏型
難易度	🌱
直径	5cm

肉厚で短い葉がロゼット状に展開し、王冠のように見える。白の中斑、黄色の中斑入りもある。子株が十分大きくなったら、株分けで増やす。

笹の雪 ささのゆき

Agave victoriae-reginae

別名	－
タイプ	夏型
難易度	🌱
直径	9cm

葉先に黒く短いトゲがあり、葉の表と裏に鮮やかな白いペンキ模様が入るのが特徴的。

原寸

Adromischus
アドロミスクス
ベンケイソウ科

肉厚のコロンとした葉

葉は肉厚でふくらんだ葉に模様が入る個性的な姿。あまり高くならない小型の品種が多く、ゆっくりと成長します。

乾燥した砂漠地帯に自生しているので、通年雨の当たらない場所で乾かし気味に管理します。また、夏の休眠期に直射日光に当たると株が弱るため、風通しのよい半日陰に置き、水やりは控えます。寒さにはある程度耐えますが、寒冷期には霜の降りない軒下・簡易フレームに置くか、日当たりのよい室内で管理します。葉が取れやすいので、取れたものは葉挿しに利用します。

DATA

原産地	南アフリカ、ナミビアなど
タイプ	春秋型　開花期　9月〜11月下旬
難易度	🌿🌿

	1月	2月	3月	4月	5月	6月	7月	8月	9月	10月	11月	12月
生育	生育	休眠	生育				休眠		生育			
									開花			
置き場		屋内または簡易フレーム		日当たりと風通しがよい屋外			風通しがよい半日陰		日当たりと風通しがよい屋外			
肥料				薄めの液肥を2カ月に1回						薄めの液肥を2カ月に1回		
水やり	表面の土が乾いたら3〜4週間後に1回			表面の土が乾いたら1週間後に1回			表面の土が乾いたら2〜3週間後に1回		表面の土が乾いたら1週間後に1回			表面の土が乾いたら3〜4週間後に1回
作業			植え替え、株分け、葉挿し、挿し芽						植え替え、株分け、葉挿し、挿し芽			
			薬剤散布						薬剤散布			

シュルドティアヌス

Adromischus schuldtianus

別　名	－
タイプ	春秋型
難易度	🌿🌿
直　径	5cm

葉に不規則な模様が入り、成長すると塊根が大きく育つのが特徴。乾燥地帯に自生するため、夏の高温多湿には注意が必要。

だるまクーペリー

Adromischus cooperi f. *compactus*

別　名	達磨クーペリー（だるまくーぺりー）
タイプ	春秋型
難易度	🌿🌿
直　径	3.5cm

グレーがかった葉に不規則な模様が目立つ。休眠期の夏には断水し、半日陰で管理する。

葉

Anacampseros

アナカンプセロス

アナカンプセロス科

ユニークな草姿が魅力

　丸い粒状の葉が積み重なったり、うろこ状でヘビやイモムシのような葉が生えるなど、草姿がユニークなのが特徴です。小型種がほとんどでゆっくりと成長し、2〜5月に1つの花茎に1〜4個の花を咲かせます。

　耐暑性、耐寒性が比較的あり、生育期の春と秋は昼夜の温度差がある場所で管理するとよく育ちます。夏は風通しがよく、やわらかい日差しが当たる半日陰で育てるようにしましょう。水は生育期には土が乾いたらたっぷり、真夏や真冬は控えめに与えます。

▶DATA

原産地	南アフリカ、オーストラリア、アメリカなど
タイプ	春秋型　開花期 2月〜5月
難易度	🌱

	1月	2月	3月	4月	5月	6月	7月	8月	9月	10月	11月	12月
生育	生育 休眠		生育				半休眠	休眠		生育		
		開花										
置き場	霜・雨が当たらず5℃以下にならない屋外		日当たりと風通しがよい屋外				風通しがよく雨の当たらない屋外		日当たりと風通しがよい屋外			
肥料			薄めの液肥を1カ月に1回							薄めの液肥を1カ月に1回		
水やり	表面の土が乾いたら3〜4週間後に1回		表面の土が乾いたら1週間後に1回				表面の土が乾いたら3〜4週間後に1回		表面の土が乾いたら1週間後に1回			
作業			植え替え、株分け、仕立て直し						植え替え、株分け、仕立て直し			
			薬剤散布						薬剤散布			

桜吹雪 さくらふぶき

Anacampseros rufescens f. variegata

別名	−
タイプ	春秋型
難易度	🌱
直径	7cm

「吹雪の松」の斑入り種で、葉にピンク色が入り、はうように広がる。吹雪の松として流通することがまれにある。

ナマカナム

Anacampseros namacanam

別名	−
タイプ	春秋型
難易度	🌱
直径	5.5cm

葉は肉厚で緑色、紅葉するとピンク色になる。5月頃、濃いピンク色の花を咲かせる。夏は半日陰で管理する。

Aloe

アロエ

ツルボラン科

DATA

原産地	アフリカ南部、マダガスカル島、アラビア半島など
タイプ	夏型（一部は春秋型）
開花期	12月〜2月
難易度	🌿

ペグレラエ

バリエーションが豊富

　5cm程度の小型のものから、10m程度の大木に育つ木立性のもの、葉色、形もさまざまで、多くのバリエーションがあるグループです。なかでも小型種が多肉植物として親しまれています。

　暑さ、乾燥に強く、比較的丈夫で育てやすいため、初心者にも向いています。1年を通じて日当たりのよい場所で管理することで、徒長を防ぐことが可能です。しっかり日に当てて育てましょう。夏の多湿が苦手なタイプは、風通しよく、乾かし気味に管理します。植え替え時の株分け、挿し芽で増やすことができます。

	1月	2月	3月	4月	5月	6月	7月	8月	9月	10月	11月	12月
生育	半休眠	休眠	生育				生育（種類によっては半休眠）			生育		半休眠
		開花										開花
置き場		室内または簡易フレーム	日当たりと風通しがよい屋外（種類によっては雨よけが必要なものと不要のものがある）									
肥料			薄めの液肥を1カ月に1回						薄めの液肥を1カ月に1回			
水やり	表面の土が乾いたら3〜4週間後に1回（寒さに弱い種は断水）			表面の土が乾いたら1週間後に1回				蒸れやすい種は乾燥気味に				
作業			薬剤散布	植え替え、株分け、挿し芽、仕立直し			薬剤散布		植え替え、株分け、挿し芽、仕立直し 薬剤散布			薬剤散布

エリナケア

Aloe melanacantha var. *erinacea*

別名	－
タイプ	夏型
難易度	🌿
直径	8cm

乳白色の長いトゲが特徴の人気種。アロエ属のなかでは成長が遅い。耐寒性はあるが蒸れに弱いので、夏は乾かし気味に育てる。

トゲ

透き通るような乳白色で長い。

アルビフローラ

Aloe albiflora

別　名	雪女王（ゆきじょおう）
タイプ	夏型
難易度	🌱
直　径	13cm

伸びやかな細長い葉に白い斑が入り、和名の雪女王の名にふさわしい。茎はなく、葉縁にトゲがある。アロエ属では珍しく、白い花が咲く。

葉

つぼみ

つぼみのつけ根はオレンジ色で、白い花を咲かせる

葉は細長く、美しい白い斑が入る。

鬼切丸 おにきりまる

Aloe marlothii

別　名	－
タイプ	夏型
難易度	🌱
直　径	14cm

葉の外側にびっしりと鋭いトゲをつけ、金棒のような見た目がワイルド。葉はロゼット状に展開する。幹立ちし、成長するほどに迫力が増す。

カルカイロフィラ

Aloe calcairophila

別　名	－
タイプ	夏型
難易度	🌿
直　径	8cm

葉は濃い緑色で互い違いに重なり、水平方向に広がる。葉の縁には鋭いトゲがある。子株が出るので株分けで増やす。

葉

縁には鋭いトゲがあり、2方向へ葉を広げる。

ディコトマ

Aloe dichotoma

別　名	－
タイプ	夏型
難易度	🌿
直　径	18cm

1本の幹から葉が展開し、成長すると10m以上にもなるものも。1年を通して、日当たり、風通しのよい、暖かい場所で管理するとよい。

不夜城 ふやじょう

Aloe 'Nobilis'

別　名	－
タイプ	夏型
難易度	✿
直　径	8cm

鮮やかな緑色の葉に、クリーム色のトゲをつける。幹立ちして上にも伸び、基部で多数分枝。よく子吹きして増える。定期的に仕立直しを。

不夜城錦 ふやじょうにしき

Aloe 'Nobilis' f. *variegata*

別　名	－
タイプ	夏型
難易度	✿
直　径	10cm

「不夜城」に黄色い斑が入る品種で、葉色の緑と黄色のコントラストが美しい。寒さ、夏の強光にも強い。夏に穂状で濃い朱色の花を咲かせる。

ペグレラエ

Aloe peglerae

別　名	－
タイプ	夏型
難易度	✿
直　径	6cm

葉は青みがかった緑色で、広がらずに閉じるようにつく。縁にトゲがある。日当たりが悪いと徒長しやすいので注意する。

Echeveria

エケベリア

ベンケイソウ科

DATA

原産地	中央米・メキシコの高地
タイプ	春秋型
開花期	3月〜7月上旬
難易度	🌱（一部 🌱🌱）

ロゼット状に広がる葉

　多くの園芸品種がつくられ、葉がバラの花びらのようにロゼット状に広がります。形や色が豊富で、秋に紅葉します。

　丈夫で育てやすく、日当たりと風通しのよい場所を好みます。春と秋によく生育しますが、自生地では高地の乾燥気味の場所で生育するので、高温多湿の日本の夏を嫌います。春・秋は、屋外の雨の当たらない場所で管理し、夏は半日陰に移動するか遮光して育てましょう。

　葉挿しや挿し芽で増やすことができます。茎が長く伸びてしまった場合は、挿し芽しやすい長さまで切って仕立て直しましょう。

ファンクイーン

	1月	2月	3月	4月	5月	6月	7月	8月	9月	10月	11月	12月
生育	休眠		生育					半休眠		生育		休眠
			開花									
置き場	霜の当たらない屋外の日なた		日当たりと風通しがよく雨の当たらない屋外					風通しがよく雨の当たらない半日陰		日当たりと風通しがよく雨の当たらない屋外		霜の当たらない屋外の日なた
肥料				薄めの液肥を1カ月に1回						薄めの液肥を1カ月に1回		
水やり	表面の土が乾いたら3〜4週間後に1回		表面の土が乾いたら1週間後に1回			雨が多い梅雨は控えめに		表面の土が乾いたら2〜3週間後に1回		表面の土が乾いたら1週間後に1回		表面の土が乾いたら3〜4週間後に1回
作業			植え替え、株分け、葉挿し、挿し芽、仕立て直し							植え替え、株分け、葉挿し、挿し芽、仕立て直し		
			薬剤散布							薬剤散布		

アイボリー

Echeveria ' Ivory ' / *Echeveria* ' J.C. Van Keppel '

別名	ケペル、ヴァンケッペル
タイプ	春秋型
難易度	🌱
直径	4.5cm

アイボリーの流通名で多く出回る。葉はふっくらとして丸みを帯び、紅葉すると葉色がアイボリーに変化し、葉先はピンクに色づく。子株が出るので株分けで増やす。

茜牡丹 あかねぼたん

Echeveria atropurpurea

別　名	アトロプルプレア
タイプ	春秋型
難易度	🌱
直　径	6cm

葉に厚みがあり、一年中赤みがかった葉色が特徴。下葉が大きくなったものは、摘み取って葉挿しで増やせる。

アマビレ

Echeveria –

別　名	–
タイプ	春秋型
難易度	🌱🌱🌱
直　径	5cm

韓国で育苗したものが近年出回る普及種。葉がふっくらとして丸く、葉先が紅葉する。株分けで増やす。

アルバビューティ

Echeveria ' Alba Beauty '

別　名	–
タイプ	春秋型
難易度	🌱
直　径	5.5cm

韓国の交配種。葉は丸く、青みがかった淡い緑色で、寒さに当たると葉先が紅葉する。栽培は容易。

ウエストレインボー

Echeveria 'West Rainbow'

別 名	－
タイプ	春秋型
難易度	🌱
直 径	6cm

「パールフォンニュルンベルグ」の斑入り種。葉に紫、ピンク、黄色などの色が入る。強光、夏の蒸れに注意する。

エイプス

Echeveria 'Apus'

別 名	－
タイプ	春秋型
難易度	🌱
直 径	5.5cm

葉は青みがかった緑色で縁に赤色がさし、厚みがある。子株がよく出るので株分けで増やす。

エメラルドリップル

Echeveria 'Emerald Ripple'

別 名	エメラルドリップ、グリーンエメラルド
タイプ	春秋型
難易度	🌱
直 径	6cm

葉は厚みがあり、深い緑色で寒さに当たると写真のように色づく。葉挿しや挿し芽、株分けで増やす。

エレガンス

Echeveria elegan

別名	月影(つきかげ)
タイプ	春秋型
難易度	🌿
直径	4.5cm

多くの交配種の親になっている品種。丸みのある葉と、半透明のエッジが特徴的。葉挿し、挿し芽、株分けで増やすことができる。

オウンスロー

Echeveria 'Onslow'

別名	－
タイプ	春秋型
難易度	🌿
直径	5.5cm

葉はマスカット色で白い縁、ピンク色の爪で上品な印象。冬はピンクに紅葉する。寒冷期に強光下で育てると爪がピンク色になる。

カマノイ・プエブラ

Echeveria caamanoi ,Puebla

別名	－
タイプ	春秋型
難易度	🌿🌿
直径	10cm

葉は細長く、青みがかった緑色で先端から縁にかけて赤みがさす。夏に休眠するため、水を切って涼しい窓辺などで休ませる。

花

花はオレンジ色で5〜6月頃に咲く。

カンテ

Echeveria cante

別名	－
タイプ	春秋型
難易度	🌱🌱🌱🌱🌱
直径	14cm

葉全体を白い粉が覆い、秋になると葉の縁が赤くなる。手で触れたり、雨に当てたりして粉が落ちると生育に影響するので注意する。

キシリトール

Echeveria 'Xylitol'

別名	－
タイプ	春秋型
難易度	🌱
直径	6.5cm

原寸

葉は丸く厚みがある。

韓国苗としても出回る。葉は丸く、白みを帯びた淡いオレンジ色で、成長とともに広がる。葉挿し、株分けで増やす。

キュービックフロスト

Echeveria 'Cubic Frost'

別名	－
タイプ	春秋型
難易度	🌱
直径	6cm

ニュアンスのあるライラックパープルの肉厚の葉が、反り返るようにカールする。下葉が枯れたら取り除き、カビなどを防ぐとよい。

原寸

肉厚の葉はカールする。

ギルバの薔薇 ぎるばのばら

Echeveria 'Gilva-no-bara'

別 名	–
タイプ	春秋型
難易度	🌱
直 径	4.5cm

小さな葉が密にロゼット状に並び、真紅の尖った爪がポイント。そのさまはまさにバラのよう。小型品種で、寄せ植えにも最適。

群月花 ぐんげつか

Echeveria –

別 名	スプリングジェイド
タイプ	春秋型
難易度	🌱
直 径	7cm

葉は青みがかった緑色の小型品種。株元やわき芽などから子株が出やすく、株分けや葉挿しでよく増える。

黒檀エボニー こくたんえぼにー

Echeveria agavoides 'Ebony'

別 名	アガボイデス・エボニー、エボニー
タイプ	春秋型
難易度	🌱
直 径	9cm

葉の縁から先端にかけて黒みを帯びた赤色の爪が特徴。5月頃開花する。高温・乾燥には強いが、真夏には半日陰で育てる。

コロラータ

Echeveria colorata

別　名	－
タイプ	春秋型
難易度	🌱
直　径	5.5cm

肉厚の葉に、ピンク色の爪をもつ。紅葉すると全体的にピンク色に染まる。成長期の追肥は少なめにし、葉が割れるのを防ぐようにする。

ジェスタ

Echeveria 'Justa'

別　名	ジェスター
タイプ	春秋型
難易度	🌱
直　径	5.5cm

葉はヘラのような形で秋に赤紫色に紅葉する。茎が伸びやすく、葉挿しやわき芽の子株を挿し芽で増やす。

七福神 しちふくじん

Echeveria 'Shichifukujin'

別　名	－
タイプ	春秋型
難易度	🌱
直　径	7cm

丸みのある葉がロゼット状に均一に広がり、美しい。春と秋に日あたり、風通しのよい場所で育てると、夏にピンクの花をつける。

七福美尼 しちふくびに

Echeveria 'Shichifukubini'

別名	－
タイプ	春秋型
難易度	🌱
直径	6cm

葉色は、株元から爪に向かってペールグリーンからピンクのグラデーションでかわいらしい。群生し、幹立ちしやすい。

スカーレット

Echeveria 'Scarlet'

別名	－
タイプ	春秋型
難易度	🌱
直径	5cm

淡いグリーンの葉が密に重なるロゼット形で、微毛が生えているのが特徴。紅葉すると葉先がピンク色に染まる。子株をたくさん出し、群生。

相府連 そうふれん

Echeveria agavoides 'Soufuren'

別名	－
タイプ	春秋型
難易度	🌱
直径	5.5cm

アガボイデス（東雲）の交配種。つやのある葉は、寒冷期になると葉先が赤く染まる。下部からよく子吹きするため、簡単に増やすことができる。

チュブス

Echeveria'Chubbs'

別　名	－
タイプ	春秋型
難易度	🌱
直　径	6.5cm

葉には細かな毛があり、明るい黄緑色で爪に赤みがさす。寒さが増すと全体が紅葉する。葉挿しや株分けで増やせる。

原寸

葉の中央部ほど鮮やかな黄緑色。

チワワエンシス

Echeveria chihuahuaensis

別　名	－
タイプ	春秋型
難易度	🌱
直　径	6cm

明るい黄緑色の肉厚の葉は、全体的に白い粉をまとい、葉先はピンク色を帯びてかわいらしい印象を与える。全体に大きくなりやすい。

ティッピー

Echeveria'Tippy'

別　名	－
タイプ	春秋型
難易度	🌱
直　径	5cm

葉は淡いグリーンで、爪はピンク色をしており、ガーリーなイメージ。紅葉すると、葉の裏側もピンク色に染まる。

トップシータービー

Echeveria runyonii 'Topsy Turvy'

別　名	スプレンダー、トップスプレンダー
タイプ	春秋型
難易度	🌿
直　径	8cm

ルンヨニー種の突然変異で生れた品種。葉の縁が外側にカールするのが特徴。冬よりも夏の方が苦手なため、夏は半日陰で管理する。

野薔薇の精 のばらのせい

Echeveria 'Nobaranosei'

別　名	－
タイプ	春秋型
難易度	🌿🌿
直　径	6cm

青みがかったグリーンの肉厚な葉がぎゅっと集まったコンパクトなロゼット形。夏場は風通しのよい場所で管理し、蒸れないようにする。

花筏 はないかだ

Echeveria'Hanaikada'

別　名	花いかだ（はないかだ）
タイプ	春秋型
難易度	🌱
直　径	6.5cm

葉は赤紫色で、秋に鮮やかに紅葉する。比較的寒さに強いが、夏の暑さには弱いので夏には水を切って休眠させる。

花うらら はなうらら

Echeveria pulidonis

別　名	プリドニス
タイプ	春秋型
難易度	🌱
直　径	6cm

青みがかった葉で、縁が赤く染まる。名前の通り、穏やかな日光を好む。春に黄色いベル形の花を鈴なりにつける。

原寸

成長点付近の葉は、より青みがかる。

花月夜 はなづきよ／かげつや

Echeveria'Hanazukiyo'

別　名	クリスタル
タイプ	春秋型
難易度	🌱
直　径	5.5cm

「花うらら」と「エレガンス」の交配種。ほかのエケベリアと同様に夏の暑さ対策が必要。「はなづきよ」「かげつや」として流通することも。

ハムシー

Echeveria harmsii

別 名	－
タイプ	春秋型
難易度	🌱
直 径	4〜5.5cm

葉はへら形をしており、全体に白い毛で覆われている。成長すると、枝分かれしながら上へ伸びるのも特徴。挿し芽、葉挿しで増える。

春の粧 はるのよそおい

Echeveria 'Haru-no-Yosooi'

別 名	－
タイプ	春秋型
難易度	🌱
直 径	5.5cm

葉の縁から先端にかけて赤みがさす。寒くなると鮮やかな赤色に紅葉する。夏には半日陰に置き、水やりを控える。

ピーコッキー

Echeveria peacockii

別 名	養老（ようろう）
タイプ	春秋型
難易度	🌱🌱🌱
直 径	8cm

幅広い青磁色の葉は、日によく当てることで葉先と縁がピンク色になる。明るく風通しのよい場所で乾燥気味に管理するとよい。

原寸

葉の縁から先端にかけてピンク色に染まる。

ピオリス

Echeveria 'Piorisu'

別名	フィオナ
タイプ	春秋型
難易度	🌱
直径	6cm

肉厚でシックな色合いの緑色の葉、縁はうっすら赤みを帯びている。冬になると紅葉し、ピンクに染まる。高温多湿に注意。

ファイヤーピラー

Echeveria 'Fire Pillar'

別名	－
タイプ	春秋型
難易度	🌱
直径	7cm

丸くカーブした葉が密に集まり、葉の中心から葉先にかけて入るピンク色のグラデーションが美しい。冬から春にかけて赤く紅葉する。

ブルーオリオン

Echeveria 'Blue Orion'

別名	－
タイプ	春秋型
難易度	🌱
直径	8cm

人気品種のひとつ。ブルーがかった葉色に、アクセントのようにして入る縁と爪の赤色が美しい。紅葉するときれいな紫色に色づく。

ブルーサプライズ

Echeveria 'Blue Surprise'

別名	－
タイプ	春秋型
難易度	🌱
直径	6cm

名前の通り、青みがかった葉が紅葉すると淡いピンクや紫色へと変化する。夏の高温多湿に注意。株分けや葉挿しで増やす。

ブルーバード

Echeveria 'Blue Bird'

別 名	−
タイプ	春秋型
難易度	🌿
直 径	9cm

「リンドサヤナ」の交配種。青みを帯びたペールカラーの葉は白い粉を全体的にまとい、なんとも優美。紅葉すると赤く染まる。

原寸

葉は青みを帯び、全体に白い粉が吹く。

紅司 べにつかさ

Echeveria nodulosa

別 名	−
タイプ	春秋型
難易度	🌿
直 径	10cm

茎を伸ばして葉をロゼット状につける。葉の縁と葉裏、葉の表面にも不規則に暗赤色の線が入るのも特徴的。低温期ほど色がくっきりする。

紅の鶴 べにのつる

Echeveria 'Beninoturu'

別 名	−
タイプ	春秋型
難易度	🌿🌿
直 径	8.5cm

葉は緑からオレンジへのグラデーション。紅葉してもそれほど色づかない。夏の高温期に注意し、冬は霜の当たらない場所で管理する。

ベンバディス

Echeveria ' Ben Badis '

別 名	-
タイプ	春秋型
難易度	🌱
直 径	6cm

「大和錦」と「静夜」のハイブリッド。青みがかった葉に、爪と葉裏の赤が映える。紅葉するとピンク色に色づき、美しさが増す。

ポロックス

Echeveria ' Pollux '

別 名	ポルックス
タイプ	春秋型
難易度	🌱
直 径	10cm

葉はロゼット状に広がり、グレーに近い青色。夏の高温期には日よけを施すか半日陰に置き、暑さ対策が必要。

原寸

葉の中心ほどグレーに近い色合いに。

マディバ

Echeveria ' Madiba '

別 名	-
タイプ	春秋型
難易度	🌱
直 径	6.5cm

淡い緑色の葉は下半部にフリルが入るのが特徴。葉の縁や爪は淡いピンクに色づき、その姿は妖艶な雰囲気を醸し出す。葉挿しで増える。

ムーンガドニス

Echeveria 'Moongadnis'

別名	織姫（おりひめ）、エッシャー
タイプ	春秋型
難易度	🌿
直径	7cm

葉の縁が赤く、葉は丸みを帯び、カーブを描く姿はなんとも優雅。短い茎から子をたくさん出して群生する。

ムーンストーン

Echeveria 'Moon Stones'

別名	－
タイプ	春秋型
難易度	🌿
直径	6cm

日当たりと風通しのよい場所で管理すると、徒長を避けられる。ただし真夏は遮光する。紅葉すると葉の周辺から赤く染まる。

メキシコポルデンシス

Echeveria pulidonis

別名	－
タイプ	春秋型
難易度	🌿
直径	6cm

「花うらら」とおそらく同種のもので、色合いの違いからこの名で流通される。葉は緑色で縁が赤く染まる。黄色に近い葉色のものもある。

女雛 めびな

Echeveria 'Mebina'

別名	－
タイプ	春秋型
難易度	🌿
直径	6cm

鮮やかな緑色の葉は、葉先や縁がほんのり赤く染まる。紅葉すると赤い部分の色が濃くなる。小型品種で、比較的育てやすい。

メラコ

Echeveria 'Melaco'

別　名	－
タイプ	春秋型
難易度	🌱
直　径	6cm

葉はつやのある銅葉で先端ほど色が濃くなる。夏の高温期に弱いので、遮光するか半日陰に置き、水やりは控えめにする。

メランコリー

Echeveria 'Melancholy'

別　名	－
タイプ	春秋型
難易度	🌱
直　径	7cm

名前の通り、メランコリックな印象を与える葉の色が魅力。毎年植え替えることで、葉色がくすむことなくきれいな葉を保てる。

メリーベル

Echeveria 'Mary Bell'

別　名	－
タイプ	春秋型
難易度	🌱
直　径	6cm

葉は青みがかった淡い緑色で、ロゼット状に広がる。成長すると葉の先端の爪が赤くなる。高温期には葉が開きやすいので注意。

桃娘 ももむすめ

Echeveria 'Momomusume'

別 名	−
タイプ	春秋型
難易度	🌱
直 径	7cm

葉は淡いグリーンをベースに、紅葉すると淡い黄色がかる。徒長しやすいので夏場の水やりは控えめにする。

大和の薔薇 やまとのばら

Echeveria 'Yamato-no-bara'

別 名	−
タイプ	春秋型
難易度	🌱
直 径	6cm

葉先が尖り、大輪の花のようなロゼット形が特徴的。寒くなると葉の裏側から赤く紅葉する。寄せ植えにも適している。

ラウイ

Echeveria laui

別 名	ラウイー
タイプ	春秋型
難易度	🌱
直 径	6cm

肉厚な丸葉は白い粉に覆われ、見た目は真っ白。強光と寒さには強いが、高温多湿は苦手。多くの交配種の親でもある。

ラウリンゼ

Echeveria 'Launlinze'

別 名	−
タイプ	春秋型
難易度	🌱
直 径	7cm

シックな色合いの肉厚な葉は、縁が赤く、全体的に白い粉を帯びる。夏の高温多湿が苦手なので、風通しのよい明るい日陰で育てるとよい。

ルシンダ

Echeveria -

別 名	-
タイプ	春秋型
難易度	🌿
直 径	6cm

葉は青みがかって、縁と爪が赤くなる。韓国苗として多く出回る。寒さに当たると青みが増し、薄い紫色になる。

ルノーディーン

Echeveria 'Lenore Dean' f. *variegata*

別 名	-
タイプ	春秋型
難易度	🌿
直 径	8cm

エケベリアの高級品種。淡いグリーンの覆輪は透明感があり、美しい。秋になると紅葉し、葉の縁がピンク色に染まる。蒸れ、強光に注意。

レインドロップス

Echeveria 'Raindrops'

別 名	レインドロップ
タイプ	春秋型
難易度	🌿
直 径	11cm

葉にできるコブが印象的な品種で茎が立ち上がる。成長点から外葉に向かうにつれ、葉色が変化する。子株で増やす。

レズリー

Echeveria 'Rezry'

別 名	-
タイプ	春秋型
難易度	🌿
直 径	8cm

細身で先が尖ったの葉は、ロゼット状になる。初夏には鈴形の小さな花をつけ、冬になると紅葉して葉の縁が赤紫に色づく。

レボリューション

Echeveria ' Revolution '

別 名	－
タイプ	春秋型
難易度	🌱
直 径	6cm

「ピンウィール」の実生から突然変異で生まれた品種。葉は真ん中から外側に反り返るタイプでユニーク。葉挿しでよく増える。

原寸

葉は中心部分を包むように反り返る。

ローラ

Echeveria ' Lola '

別 名	－
タイプ	春秋型
難易度	🌱
直 径	5.5cm

淡い紫がかった緑色の葉がやわらかな印象をもたらす。春に咲くオレンジ色の花もかわいらしい。

ロメオルビン

Echeveria agavoides ' Romeo Rubin '

別 名	－
タイプ	春秋型
難易度	🌱🌱🌱
直 径	6.5cm

ルビー（ルビン）の名の通り、深く濃い赤色の葉が魅力的で、花のようにも見える。直射日光に弱く、真夏は半日陰で管理する。

碧魚連 へきぎょれん

Echinus maximilianus

ハマミズナ科・エキヌス属

DATA
別名	－
原産地	南アフリカ
タイプ	春秋型
開花期	3月〜7月上旬
難易度	🌱
直径	6cm

魚の口がパクパクしているような形の葉は、連なってつる状に伸びる。水を好むが、夏は遮光して断水気味に。秋から春は日に当てるとよい。ブラウンシア属とも。

	1月	2月	3月	4月	5月	6月	7月	8月	9月	10月	11月	12月
生育	生育	休眠	生育				半休眠			生育		
	開花											開花
置き場	霜の当たらない屋外の日なた		日当たりと風通しがよく雨の当たらない屋外				風通しがよく雨の当たらない屋外			日当たりと風通しがよく雨と霜の当たらない屋外		
肥料	薄めの液肥を1カ月に1回										薄めの液肥を1カ月に1回	
水やり	表面の土が乾いたら2〜3週間後に1回		表面の土が乾いたら1週間後に1回				表面の土が乾いたら2〜3週間後に1回			表面の土が乾いたら1週間後に1回		
作業			植え替え、株分け、挿し芽、仕立直し							植え替え、株分け、挿し芽、仕立直し		
			薬剤散布							薬剤散布		

ルビーネックレス

Othonna capensis ' Rubby Necklace '

キク科・オトンナ属

花

DATA
別名	カペンシス、紫月(しげつ)
原産地	南アフリカ
タイプ	冬型
開花期	6月〜11月
難易度	🌱
直径	15cm 〜

紫色の茎に丸みのある緑色の葉をつけ、色の対比が美しい。秋には葉が紅葉し、きれいな紫色に染まり、不定期で黄色の花を咲かせる。

	1月	2月	3月	4月	5月	6月	7月	8月	9月	10月	11月	12月
生育	休眠		生育				半休眠			生育		生育緩慢
								開花				
置き場	5〜0℃以下にならない日当たりのよい窓辺		日当たりと風通しがよく長雨の当たらない屋外				風通しがよく雨の当たらない半日陰の屋外			日当たりと風通しがよく長雨の当たらない屋外		
肥料			薄めの液肥を1カ月に1回							薄めの液肥を1カ月に1回		
水やり	表面の土が乾いたら3〜4週間後に1回		表面の土が乾いたら1週間後に1回				表面の土が乾いたら2〜3日後に1回 休眠中の株は3〜4週間後に1回			表面の土が乾いたら1週間後に1回		
作業			植え替え、株分け、葉挿し、挿し芽、仕立直し							植え替え、株分け、葉挿し、挿し芽、仕立直し		
			薬剤散布				薬剤散布					薬剤散布

オスクラリア

Oscularia

ハマミズナ科（メセン類）

木のような株姿に

茎が木質化して低木状になり、原産地では数種が自生する多肉植物。岩場などに自生し、冬の降雨時に成長します。このためオスクラリアの多くは冬型タイプで、比較的耐寒性が高く、丈夫で育てやすいのが特徴です。

休眠する夏は1カ月に1～2回、表面の土を湿らす程度に水やりをするか、ほぼ断水して管理します。秋～春は表面の土が乾いたら1週間後に1回たっぷりと与えます。ただし、厳寒期では生育が緩慢になるので水やりはやや控えるとよいでしょう。

DATA

原産地	南アフリカ	タイプ	冬型
開花期	12月～2月（一部4月中旬～6月中旬）		
難易度	🌿		

	1月	2月	3月	4月	5月	6月	7月	8月	9月	10月	11月	12月
生育	休眠		生育						生育			
	開花			開花（種類による）								開花
置き場	5～0℃以下にならない日当たりのよい室内の窓辺		日当たりと風通しがよく長雨の当たらない屋外				風通しがよく雨の当たらない半日陰の屋外		日当たりと風通しがよく長雨の当たらない屋外			
肥料			薄めの液肥を1カ月に1回							薄めの液肥を1カ月に1回		
水やり	表面の土が乾いたら2～3週間後に1回		表面の土が乾いたら1週間後に1回				表面の土が乾いたら2～3週間後に1回		表面の土が乾いたら1週間後に1回			
作業			植え替え、株分け、葉挿し、挿し芽、仕立て直し						植え替え、株分け、葉挿し、挿し芽、仕立て直し			
			薬剤散布							薬剤散布		

琴爪菊 きんそうぎく

Oscularia deltoides

別名	－
タイプ	冬型
難易度	🌿
直径	6.5cm

茎に、小さな鋸歯の青白い葉を連なるようにしてつける。水を好むので頻繁に水やりを。

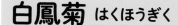

葉

白鳳菊 はくほうぎく

Oscularia pedunculata

別名	－
タイプ	冬型
難易度	🌿
直径	5cm

葉は表面に粉が吹きシルバーに近い青緑色で、丸みを帯びる。夏場には水やりを控え乾かし気味に管理する。

Gasteria

ガステリア

ツルボラン科

DATA

原産地	南アフリカ		
タイプ	夏型	開花期	4月〜7月
難易度	🌱		

独特な姿で成長する肉厚の葉

ガステリアの名は、小さな胃袋（ガスター）状の花をつけることが由来。葉は、舌状や長剣状の肉厚で、左右対称、または放射状に広がります。白や黄色の斑入りのものや、葉の表面に小さな突起があるものなどがあります。

生育型は夏型ですが、暑さや強光が苦手です。夏は50％以上遮光し、風通しがよい屋外で管理しましょう。冬は5℃以上を保つよう、室内に取り込んで育てます。春と秋の水やりは、鉢土を乾かさない程度に行ってください。株分け、挿し芽、葉挿しで増やせます。

	1月	2月	3月	4月	5月	6月	7月	8月	9月	10月	11月	12月
生育	休眠			生育				生育緩慢	生育			生育緩慢
				開花								
置き場	日当たりのよい室内の窓辺			日当たりと風通しがよく雨の当たらない屋外								
肥料			薄めの液肥を1カ月に1回						薄めの液肥を1カ月に1回			
水やり	表面の土が乾いたら3〜4週間後に1回			表面の土が乾いたら1週間後に1回								
作業			植え替え、株分け、葉挿し						植え替え、株分け、葉挿し			
			薬剤散布				薬剤散布		薬剤散布			薬剤散布

グロメラータ

Gasteria glomerata

別名	－
タイプ	夏型
難易度	🌱
直径	10cm

白みがかった肉厚の葉は、舌のような形をしている。よく群生する小型種で、春に鮮やかなオレンジ色の花を咲かせる。多湿に注意。

墨鉾 すみほこ

Gasteria maculata

別名	－
タイプ	夏型
難易度	🌱
直径	13cm

葉には厚みがなく、まだらに斑が入って広がる。夏の強い日差しに当たると葉焼けを起こすので、風通しのよい半日陰などで管理する

Kalanchoe

カランコエ

ベンケイソウ科

DATA

原産地	マダガスカル島、南アフリカなど
タイプ	夏型
開花期	1月〜5月
難易度	🌱🌱🌱（一部ふつう 🌱🌱）

多種多様な葉の形・色・質感

　葉の縁に切れ込みがあるもの、銀色を帯びた肉厚なもの、木質な枝をもつものなど、葉形や色、質感、草姿はさまざまです。なかでも葉の鋸歯部分に成長点をもつタイプは、そこから子株を伸ばして増えます。

　比較的育てやすい品種が多く、生育期である夏は、屋外で雨にあたっても平気なほど。ただし、風通しのよい場所で育ててください。寒さが苦手なので、秋になったら室内に入れ、冬の休眠期は5〜10℃以下にならない場所で管理しましょう。葉挿し、挿し芽でよく増え、株分けもしやすいです。

月兎耳（つきとじ）

	1月	2月	3月	4月	5月	6月	7月	8月	9月	10月	11月	12月
生育	休眠			生育 開花				水分を控えて生育緩慢に	生育		生育緩慢	
置き場	5〜10℃以下にならない 日当たりのよい室内の窓辺			日当たりと風通しがよく雨の当たらない屋外								
肥料			薄めの液肥を1カ月に1回						薄めの液肥を 1カ月に1回			
水やり	表面の土が乾いたら 3〜4週間後に1回			表面の土が乾いたら1週間後に1回								
作業			薬剤散布	植え替え、株分け、葉挿し、挿し木、仕立直し					植え替え、株分け、葉挿し、挿し木、仕立直し 薬剤散布			

ゴールデンラビット

Kalanchoe tomentosa 'Golden Girl'

別　名	黄金月兎耳（おうごんつきとじ）
タイプ	夏型
難易度	🌱
直　径	6.5cm

名前の通りうさぎの耳のような形の葉は、黄色の細かい毛で覆われている。葉の縁には黒い斑点が入るのも特徴的。冬は5℃以上を保つこと。

子宝弁慶草 こだからべんけいそう

Kalanchoe daigremontiana

別 名	子宝草（こだからそう）
タイプ	夏型
難易度	🌱
直 径	5cm

葉は緑色で縁が赤く染まる。成長すると葉の縁に小さな子株がたくさんつき、子株から増やすことができる。夏は蒸れないよう風通しのよい場所で管理。

胡蝶の舞 こちょうのまい

Kalanchoe fedtschenkoi

別 名	－
タイプ	夏型
難易度	🌱
直 径	9cm

楕円形の大きな葉で、クリーム色の縁が特徴。寒い時期に日当たりがよい場所で管理すると縁が赤くなる。冬にベル形の赤い花が咲く。

ショーガール

Kalanchoe tomentosa 'Show Girl'

別 名	－
タイプ	夏型
難易度	🌱
直 径	6.5cm

月兎耳の色違い種で、白い軟毛で覆われており、葉全体が明るい黄緑色。秋に淡い黄色に変化する。冬の休眠期は乾かし気味に管理。

紅葉

葉は紅葉すると黄色に色づく。

月兎耳 つきとじ

Kalanchoe tomentosa

別 名	－
タイプ	夏型
難易度	🌱
直 径	10cm

うさぎの耳のような葉は、全面白い軟毛で覆われており、葉の縁には濃褐色の斑点が入る。春頃、株が充実すると白い花を咲かせる。

月兎耳錦 つきとじにしき

Kalanchoe tomentosa **f. variegata**

別 名	－
タイプ	夏型
難易度	🌱
直 径	10cm

月兎耳の斑入り種で、葉・茎全面が軟毛で覆われ、葉に黄色の斑が入る。夏の強い日差しに当たらないよう明るい日陰で管理する。

月の光 つきのひかり

Kalanchoe「Tukinnohikari」

別 名	－
タイプ	夏型
難易度	🌱
直 径	7.5cm

月兎耳の斑入り種。緑色の葉の縁や全体に薄っすらと斑が入る。「月兎耳」の仲間は寒さに弱いため日当たりのよい室内で管理する。

葉

葉は軟毛で覆われ、縁に小さなギザギザがある。

73

デザートローズ

Kalanchoe thyrsiflora

別 名	唐印（とういん）
タイプ	夏型
難易度	🌿
直 径	7.5cm

卵形の大きな葉が向き合ってつき、葉全体に白い粉を帯びる。秋になると赤く紅葉し、冬に小さな花を咲かせる。夏の直射日光は避けて管理。

デザートローズ錦 でざーとろーずにしき

Kalanchoe thyrsiflora 'Desert Rose'

紅葉
葉全体が紅葉し、斑入り部分が鮮やかになる。

別 名	－
タイプ	夏型
難易度	🌿🌿🌿
直 径	8 cm

デザートローズの斑入り種。葉に斑が入り、紅葉すると斑の部分が美しく染まる。夏は直射日光を避け、冬は明るい室内で管理。

テディベア

Kalanchoe tomentosa 'Teddy Bear'

別 名	－
タイプ	夏型
難易度	🌿
直 径	4.5cm

葉の形、葉の縁の茶色、葉全体を覆う産毛が名前通りクマの耳のよう。春～秋は、日当たり、風通しのよい場所で乾燥気味に管理する。

ファング

Kalanchoe beharensis'Fang'

別　名	－
タイプ	夏型
難易度	🌿
直　径	9cm

葉は微毛に覆われ、葉裏には突起がつき、質感の対比がおもしろい。高温多湿に弱いため、梅雨時期は雨避けし、乾燥気味に管理するとよい。

原寸

葉の縁にも突起があり、毛で覆われる。

不死鳥 ふしちょう

Kalanchoe'Phoenix'

別　名	－
タイプ	夏型
難易度	🌿
直　径	9cm

ギザギザとした縁の細長い葉をしており、その縁に子株を複数つける。子株が落ちて勝手に繁殖する。

原寸

成長すると縁のギザギザに子株をつける。

フミリス

Kalanchoe humilis

別　名	－
タイプ	夏型
難易度	🌿
直　径	12cm

楕円形の葉に紫色の模様が入るのが個性的。葉が２枚ずつ向き合って、交互に展開する。水をやりすぎると模様が冴えなくなるので注意。

不死鳥錦 ふしちょうにしき

Kalanchoe 'Phoenix' f. variegata

別 名	－
タイプ	夏型
難易度	🌿
直 径	6cm

日本の園芸品種。不死鳥と似た見た目だが、葉にピンク色の斑が入るのが特徴。不死鳥同様、葉の縁についた子株が落ちて増える。

子株

葉の縁についた子株が落ちて増える。

ベハレンシス

Kalanchoe beharensis

別 名	仙女の舞（せんにょのまい）
タイプ	夏型
難易度	🌿
直 径	22cm

葉の縁はギザギザとしており、全体が白い微毛で覆われる。成長すると樹木状になり、葉は微毛がなくなって、つやのある緑色に。

ミロッティ

Kalanchoe millotii

別　名	－
タイプ	夏型
難易度	🌿🌿
直　径	22cm

葉は銀灰色の微毛で覆われ、若々しいグリーン色がかわいらしい。寒さに弱く、冬は室内の日当たりのよい場所で管理する。小型なので寄せ植えにも最適。

原寸

葉は微毛で覆われ、鮮やかなグリーン。

ロンボピロサ

Kalanchoe rhombopilosa

別　名	扇雀（せんじゃく）、姫宮（ひめみや）
タイプ	夏型
難易度	🌿
直　径	4cm

扇のような形の葉は縁がフリル状になっており、葉先に向かって赤褐色の斑紋が入る。日当たりがよい場所で育てると模様が冴える。

色違い

葉が茶系統のものも同様の名前で流通する。

DATA

原産地	南アフリカを中心に全世界
タイプ	春秋、夏、冬型
開花期	4月～12月
難易度	🌿（一部 🌿🌿🌿）

Crassula

クラッスラ

ベンケイソウ科

火祭り（ひまつり）

多肉植物の代表的なグループ

　300種以上が知られる多肉植物の代表的なグループです。特徴は、常緑から落葉するものまで、色、形が異なるさまざまな葉をもつことや、かわいらしい小さな花を咲かせることが挙げられます。また、種によって生育型が異なるのも特徴的です。

　どの生育型も、基本的には常に日当たり、風通しのよい場所で管理します。種のなかでも多い冬型に近い春秋型は、高温多湿を嫌います。夏は直射日光を避けて乾かし気味に育てるようにしてください。増やし方は、葉挿しが一般的です。

	1月	2月	3月	4月	5月	6月	7月	8月	9月	10月	11月	12月
生育	休眠			生育			半休眠（種類によっては休眠）			生育		生育緩慢
				開花								
置き場	日当たりのよい室内の窓辺		日当たりと風通しがよく雨の当たらない屋外									日当たりのよい室内の窓辺
肥料			薄めの液肥を1カ月に1回						薄めの液肥を1カ月に1回			
水やり	表面の土が乾いたら3～4週間後に1回		表面の土が乾いたら1週間後に1回				表面の土が乾いたら1カ月に1回		表面の土が乾いたら1週間後に1回			表面の土が乾いたら3～4週間後に1回
作業			植え替え、株分け、挿し木						植え替え、株分け、挿し木			
			薬剤散布						薬剤散布			

愛星 あいぼし

Crassula rupestris ‘ Aiboshi ’

別名	彦星（ひこぼし）
タイプ	春秋型
難易度	🌿
直径	6cm

ふっくらとした三角形の葉が向かい合ってつく。縁は赤く、秋になると赤みが強まる。上に伸びるがバランスが悪くなったら切り戻すとよい。

茜の塔 あかねのとう

Crassula capitella

別　名	－
タイプ	春秋型
難易度	🌿
直　径	7cm

葉が重なり、塔のような見た目になるのがユニーク。寒い時期に紅葉し、春に芳香のある白い花が咲く。日当たり、風通しのよい場所で管理。

葉

三角形の葉が互い違いについて星型になる。

茜の塔錦 あかねのとうにしき

Crassula capitella f. *variegata*

花

直径3mm程度の白色の花を咲かせる。

別　名	－
タイプ	春秋型
難易度	🌿
直　径	9cm

「茜の塔」の斑入りで、葉の先端にピンク～クリーム色の斑が入る。丈夫で育てやすく、日当たりと風通しのよい場所で管理する。

黄金姫花月 おうごんひめかげつ

Crassula ovata

別　名	姫黄金花月（ひめおうごんかげつ）
タイプ	夏型
難易度	🌿
直　径	8cm

「金のなる木」としても知られる「花月」の小型種。緑～黄金色の丸い葉に、赤い縁がポイント。紅葉すると山吹色に染まる。

花月 かげつ

Crassula ovata

別 名	金のなる木（かねのなるき）
タイプ	夏型
難易度	🌱
直 径	9cm

葉は肉厚で光沢があり、硬貨のような形。「コインツリー」とも呼ばれる。縁が赤色になる。栽培は容易で大株になると花が咲く。

紀の川 きのかわ

Crassula 'Moonglow'

別 名	ムーングロウ、紀ノ川（きのかわ）
タイプ	春秋型
難易度	🌱
直 径	5cm

極厚の三角形の葉が積み重なる。夏の高温多湿が苦手なため、暑い時期は直射日光を避けて風通しをよくし、乾燥気味に管理するとよい。

銀揃 ぎんぞろえ

Crassula mesembrianthoides

別 名	－
タイプ	春秋型
難易度	🌱
直 径	10.5cm

細長い円筒形の葉は先が尖り、短毛が生えているのが特徴的。高温多湿に弱いため、日当たり、風通しがよい場所で乾燥気味に管理する。

葉

葉の表面はデコボコして短毛が生える。

クーペリー

Crassula exilis ssp. *cooperi*

別　名	乙姫（おとひめ）、あかり
タイプ	春秋型
難易度	🌱
直　径	10cm

葉に赤い斑点や、微毛をもち、葉の裏側は赤くなる。茎は横に広がり、マット状に群生。春〜秋にかけてピンク色の花を咲かせる。

花

直径5mmほどのピンク色の小花を咲かせる。

ゴーラム

Crassula portulacea ‘ Golum ’

別　名	−
タイプ	夏型
難易度	🌱
直　径	6cm

葉はつややかな棒状で、先端が凹んでいる。その見た目から「宇宙の木」とも呼ばれるほど。日当たり、風通しのよい場所で管理する。

小夜衣 さよぎぬ／さよごろも

Crassula tecta

別　名	−
タイプ	冬型
難易度	🌱
直　径	5cm

銀色がかった肉厚な葉が特徴で、表面はザラッとしている。冬は霜に当たらないように室内の窓辺などで育てる。

サルメントーサ

Crassula sarmentosa f. *variegata*

別 名	－
タイプ	夏型
難易度	🌿
直 径	5cm

上に伸びた茎に、縁がギザギザで卵形の葉をつけるため、一見普通の草花のように見える。茎が長く伸びるため、春～初夏に剪定を行う。

神童 じんどう

Crassula 'Jindou'

別 名	－
タイプ	春秋型
難易度	🌿
直 径	5cm

「神刀」と「呂千絵」の交配種といわれ、肉厚な葉が特徴。春～初夏に頭頂部から花を咲かせる。寒さには比較的強いが冬は室内で管理する。

神刀 じんとう

Crassula perfoliata var. *falcata*

別 名	－
タイプ	夏型
難易度	🌿
直 径	7cm

垂直に伸びた茎に、葉が左右につくのが特徴的。剣のような紡錘形の肉厚な葉は、微毛に覆われている。夏頃に咲く小さな赤い花が見事。

青鎖竜 せいさりゅう

Crassula lycopodioides

別名	ムスコーサ
タイプ	春秋型
難易度	🌱🌱
直径	5cm

葉がニョロニョロと上に伸びるのが特徴。耐暑性、耐寒性に強く、挿し木で増やせる。梅雨時期と冬場は根腐れしないよう過湿には注意。

青鎖竜錦 せいさりゅうにしき

Crassula lycopodioides f. *variegata*

別名	−
タイプ	春秋型
難易度	🌱
直径	3cm

「青鎖竜」の斑入り種で黄色〜グレーの姿が魅力的。葉焼けの原因となるので長時間直射日光の当たらない半日陰や遮光をして管理する。

玉椿 たまつばき

Crassula barklyi

別名	−
タイプ	春秋型
難易度	🌱🌱
直径	3cm

柱のような独特な姿で、5月頃花を咲かせる。夏の高温多湿に弱いので風通しのよい半日陰で管理する。子株で増やす。

ダルマ緑塔 だるまりょくとう

Crassula pyramidalis var. *compactu*

別 名	－
タイプ	春秋型
難易度	🌿🌿
直 径	5.5cm

葉がタワーのように密に重なり、ずんぐりとした形はインパクト大。春によい香りの白い花を咲かせる。周囲から子株が出て群生する。

稚児姿 ちごすがた

Crassula deceptor

別 名	－
タイプ	春秋型
難易度	🌿🌿
直 径	4cm

肉厚の葉には、サイの肌のような凹凸があるのが個性的。葉は交互に重なってタワー状になる。夏は風通しのよい半日陰で管理する。

葉
表面はデコボコして、白い粉が吹く

テトラゴナ

Crassula tetragona

別 名	－
タイプ	夏型
難易度	🌿
直 径	7cm

直立した茎に、細い弓形の葉がつく。高温多湿が苦手なので、夏には半日陰で管理するとよい。春になると葉の先端に白い花を咲かせる。

原寸
葉は細長く、表面にはつやがある。

デルトイデア

Crassula deltoidea ' Tanqua Karoo '

別名	タンクアカルー、白鷺（しらさぎ）
タイプ	春秋型
難易度	🌿
直径	6cm

葉はやや肉厚で白っぽく、紅葉するとオレンジ色がかる。それほど大きく育たず、垂れ下がるように伸びる。

天狗の舞 てんぐのまい

Crassula dejecta

別名	－
タイプ	春秋型
難易度	🌿
直径	6cm

小さい緑色の葉は厚みがなく平らで、葉の縁は赤色。紅葉すると赤い部分が広くなる。日当たり、風通しよく管理。挿し芽で増える。

巴 ともえ

Crassula hemisphaerica

別名	－
タイプ	春秋型
難易度	🌿
直径	6cm

緑の葉が密に重なる。大きくなるとさらに葉を重ね、タワー状になる。春に中心点から白い花を咲かせる。夏は遮光し、水やりを減らす。

トランスバール

Crassula sp. transvaal

別名	－
タイプ	春秋型
難易度	🌱
直径	8cm

小さな葉には産毛があり、葉が重なるようにして展開。夏は直射日光を避け、風通しをよくして根腐れを防ぐ。

葉

葉は緑色で半透明の産毛が生える。

火祭り ひまつり

Crassula capitella 'Campfire'

別名	－
タイプ	春秋型
難易度	🌱
直径	9cm

燃える炎のような真っ赤な紅葉が魅力。耐寒性、耐暑性が高く、乾燥、強光にも強いため育てやすい。挿し芽、葉挿しで増やせる。

葉

紅葉前の葉は緑色で寒くなると縁から赤くなる。

博星 はくせい

Crassula rupestris 'Hakusei'

別　名	ルペストリス
タイプ	春秋型
難易度	🌱
直　径	6cm

葉はやや厚みがあって白っぽく、縁が緑色になる。秋になってもそれほど色が変わらない。上に伸びてバランスが悪くなったら切り戻す。

ファンタジー

Crassula marnieriana f. variegata

別　名	舞乙女錦（まいおとめにしき）
タイプ	春秋型
難易度	🌱
直　径	8cm

「舞乙女」という品種の斑入りで、葉は肉厚で小さく、1本の茎に交互につく。上へと伸びていくのでバランスが崩れたら仕立て直す。

フェルグソニアエ

Crassula fegusoniae

別　名	－
タイプ	春秋型
難易度	🌱
直　径	5cm

丸い葉には産毛がびっしり生えていて、やわらかな印象を与える。日光を好むが、夏は明るい半日陰で、冬は乾燥気味に管理するとよい。

フンベルティー

Crassula humbertii

別 名	－
タイプ	夏型
難易度	🌱
直 径	6.5cm

紡錘形で黄緑色の葉に、赤茶の斑点が入るのが特徴。釣鐘状の白い花が咲く。日光と乾燥を好み、ロックガーデンや寄せ植えにもぴったり。

花

直径2mmほどの白色の花を咲かせる。

星の王子 ほしのおうじ

Crassula perforata

別 名	－
タイプ	春秋型
難易度	🌱
直 径	6cm

淡いグリーンに、赤紫色の縁取りの葉がタワー状に重なる。耐暑性、耐寒性が高く、丈夫で育てやすいのが特徴。下葉が枯れてきたら仕立て直しをする。

ホッテントッタ

Crassula sericea var. *hottentota*

別 名	ホッテントット
タイプ	春秋型
難易度	🌱
直 径	4cm

丸みのある三角の葉には、粒状の突起があり、塔状に連なる姿がユニーク。秋には赤く紅葉する。真夏以外は日によく当てるとよい。小型種。

ボルケンシー錦 ぼるけんしーにしき

Crassula volkensii f. *variegata*

別　名	－
タイプ	冬型
難易度	🌱🌱🌱
直　径	6cm

葉は中央が緑色で外側がピンク色になる「ボルケンシー」の斑入り種。冬に白色の花を咲かせる。秋に紅葉するとピンク色が濃くなる。

葉
葉は淡いピンク色の外斑が入る。

南十字星 みなみじゅうじせい

Crassula perforata f. *variegata*

別　名	－
タイプ	春秋型
難易度	🌱
直　径	8cm

「星の王子」の斑入り種。葉は、緑色で黄緑色の縁取りが入る。紅葉すると縁取りが赤紫色に染まる。真夏は風通しのよい半日陰で乾燥気味に。

ルドリッツ

Crassula herrei ' Ludrits '

別　名	ルドリップ
タイプ	春秋型
難易度	🌱
直　径	9cm

太めの長い葉が対になって重なるようにつく。葉は淡い緑色で縁や先端が赤く染まり、秋に紅葉する。茎が伸びたら切り戻して増やす。

呂千絵 ろちえ

Crassula 'Morgan's Beauty'

別 名	－
タイプ	冬型
難易度	🌿🌿
直 径	4.5cm

「神刀」と「都星」のハイブリッド。丸い肉厚の葉が積み重なるように展開する。多湿を嫌い、下葉が腐りやすいため、水やりは控えめにする。

ワーテルメイエリー

Crassula atropurpurea var. *watermeyeri*

別 名	ワテルメイエリー
タイプ	春秋型
難易度	🌿
直 径	5cm

葉は楕円形の緑色、微毛で覆われて縁が赤色を帯びる。秋に赤く紅葉する。茎が伸びてきたら切り戻して仕立て直す。

若緑 わかみどり

Crassula lycopodioides var. *pseudolycopodioides*

別 名	－
タイプ	春秋型
難易度	🌿
直 径	6cm

先が尖った鮮やかなグリーンの細かい葉が重なり、すらりと上に伸びる。耐暑性、耐寒性、乾燥に強いが、霜や雪に当たらないように注意。

Graptopetalum/Graptosedum

グラプトペタルム/グラプトセダム

ベンケイソウ科

DATA

原産地	メキシコなど
タイプ	春秋型
開花期	4月～7月中旬
難易度	🌿（一部 🌿🌿🌿🌿）

肉厚でロゼット状の葉が魅力

多くの種は、肉厚の葉がロゼット状に広がり、茎が立ち上がるのが特徴です。なかには葉が白い粉で覆われるものや、春と秋に紅葉するものもあります。なお、グラプトセダムはグラプトペタルムとセダムとの交配種です。

暑さ、寒さに強く、丈夫で育てやすいため、初心者にも向いています。日当たりを好むため、一年中よく日の当たる、風通しのよい場所で管理しましょう。姫秋麗、アメチスティヌムなどの一部の種は、夏の高温多湿が苦手です。夏は水やりを控えめにし、乾かし気味に育てます。

ブロンズ姫（ぶろんずひめ）

	1月	2月	3月	4月	5月	6月	7月	8月	9月	10月	11月	12月
生育	生育緩慢	休眠	生育					半休眠		生育		
			開花									
置き場	屋外の簡易フレームに入れ日中は換気する		日当たりと風通しがよく長雨の当たらない屋外					日当たりと風通しのよい雨よけのある屋外		日当たりと風通しがよく長雨の当たらない屋外		
肥料			薄めの液肥を1カ月に1回							薄めの液肥を1カ月に1回		
水やり	表面の土が乾いたら3～4週間後に1回		表面の土が乾いたら1週間後に1回					表面の土が乾いたら3～4週間後に1回		表面の土が乾いたら1週間後に1回		
作業			植え替え、株分け、葉挿し、挿し芽、仕立て直し						植え替え、株分け、葉挿し、挿し芽、仕立て直し			
			薬剤散布						薬剤散布			

Part **3** 多肉植物図鑑 クラッスラ／グラプトペタルム／グラプトセダム

カリフォルニアサンセット

Graptosedum 'California Sunset'

別名	－
タイプ	春秋型
難易度	🌿
直径	7cm

夏の葉は「ブロンズ姫」とよく似ているが、紅葉すると鮮やかな赤～オレンジ色に美しく色づく。暑さ寒さに比較的強く育てやすい。

葉

紅葉した葉はブロンズ姫よりも鮮やかに色づく。

朧月 おぼろづき

Graptopetalum paraguayense

別 名	パラグアイエンセ
タイプ	春秋型
難易度	🌿
直 径	12cm

淡いグリーンとラベンダー色の葉がロゼット状に展開し、宝石のような美しさをもつ。育てやすく、ガーリーな寄せ植えにおすすめ。葉挿しでよく増える。

子株

葉が用土の上に落ちたあと、しばらくすると発芽・発根する。

ブロンズ姫 ぶろんずひめ

Graptosedum 'Bronze'

別 名	ヴェラ・ヒギンス
タイプ	春秋型
難易度	🌿
直 径	11cm

普段の葉の色は、赤みがかった緑色をしており、ロゼット状に展開する。紅葉すると赤胴色になるが、水と肥料をあげすぎに注意。

葉

赤みがかった緑色の葉は紅葉すると赤胴色に色づく。

秋麗 しゅうれい

Graptopetalum ' Francesco Baldi '

別 名	－
タイプ	春秋型
難易度	🌱
直 径	10cm

「朧月」とセダム・「乙女心」のハイブリッド。暑さ、寒さに強く、丈夫で育てやすいので初心者にうってつけ。屋外でも栽培でき、挿し芽で増やせる。

姫秋麗 ひめしゅうれい

Graptopetalum mendozae

別 名	－
タイプ	春秋型
難易度	🌱
直 径	7cm

淡いグリーンの粒状の葉が密に群生する。寒くなると紅葉し、淡いピンクに染まる。半日陰の風通しのよい場所で乾かし気味に管理する。

姫秋麗錦 ひめしゅうれいにしき

Graptopetalum mendozae f. *variegata*

別 名	－
タイプ	春秋型
難易度	🌱
直 径	6cm

「姫秋麗」の斑入り種で、パステルカラーのふっくらとした粒状の小さな葉をたくさんつける。紅葉すると全体が淡いピンクに染まる。

ブラックベリー

Graptopetalum ' Black Berry '

別　名	－
タイプ	春秋型
難易度	🌱
直　径	5cm

粒状の鮮やかなグリーンの葉が密になってつき、白色を帯びる。葉の先端は赤紫色。紅葉するとやや褐色に変化する。高温多湿に注意する。茎が伸びてきたら切り戻して仕立て直し、切ったものは挿し芽として利用する。

ブルービーン

Graptopetalum ' Blue Bean '

別　名	－
タイプ	春秋型
難易度	🌱
直　径	5cm

グレーがかったブルーの葉は豆のような粒状で、白粉を帯びる。寒さに当たるとブルーが濃くなる。葉先に入る濃い紫の点がアクセントに。蒸れ防止のため土に水やりを。茎が伸びてきたら切り戻して仕立て直し、切ったものは挿し芽として利用する。

Graptoveria
グラプトベリア

ベンケイソウ科

DATA

原産地	メキシコなど
タイプ	春秋型
開花期	4月〜7月中旬
難易度	🌱

白牡丹（しろぼたん）

ニュアンスのある葉色が美しい

グラプトペタルム（P91）とエケベリア（P48）の属間交配種です。葉は肉厚でロゼット状に展開し、ニュアンスのある色合いが魅力的。また、「ピンクルルビー」や「パープルドリーム」「紅姫」といったかわいらしい名前のものが多いのも特徴といえます。

親であるグラプトペタルムよりも性質が強く、丈夫で育てやすいため、一年中屋外で栽培できるものもあります。ただし、暑さと蒸れが苦手なので注意しましょう。とくに梅雨時期や夏は風通しよく管理してください。生育期に挿し芽や葉挿しで増やせます。

Part 3 多肉植物図鑑 グラプトペタルム／グラプトセダム／グラプトベリア

		1月	2月	3月	4月	5月	6月	7月	8月	9月	10月	11月	12月
生育		休眠			生育				半休眠		生育		
				開花									
置き場		屋外の簡易フレームに入れ日中は換気する		日当たりと風通しがよく長雨の当たらない屋外					日当たりと風通しのよい雨よけのある屋外		日当たりと風通しがよく長雨の当たらない屋外		
肥料			薄めの液肥を1カ月に1回								薄めの液肥を1カ月に1回		
水やり		表面の土が乾いたら3〜4週間後に1回		表面の土が乾いたら1週間後に1回					表面の土が乾いたら3〜4週間後に1回		表面の土が乾いたら1週間後に1回		
作業			植え替え、株分け、葉挿し、挿し芽、仕立直し							植え替え、株分け、葉挿し、挿し芽、仕立直し			
			薬剤散布						薬剤散布				

アメボイデス

Graptoveria 'Amevoides'

別名	−
タイプ	春秋型
難易度	🌱
直径	10cm

葉はつやがあり、淡いグリーンでロゼット状に広がる。立ち上がりやすい性質なので、切り戻して仕立て直し、落ちた葉は葉挿しで増やせる。

イエティ

Graptoveri 'Yeti'

別　名	−
タイプ	春秋型
難易度	🌿
直　径	5cm

葉は淡い紫色で縁が淡い茶色になる。暑さには注意が必要で夏には寒冷紗などで遮光する。葉挿しで容易に増やすことができる。

オパリナ

Graptoveria 'Opalina'

別　名	−
タイプ	春秋型
難易度	🌿
直　径	6.5cm

エケベリアの「コロラータ」とグラプトペタルムの「アメチスチヌム」のハイブリッド。うっすら白粉に覆われたピンク肉厚の葉がかわいらしい。

グリムワン

Graptoveria 'A Grim One'

別　名	エイグリーワン
タイプ	春秋型
難易度	🌿
直　径	6cm

明るいパステルグリーンの肉厚な葉は、葉先がうっすらピンクに色づき、やわらかな印象を与える。株分け、葉挿しで増やせる。

葉

明るいグリーンの葉がロゼット状に広がる。

白牡丹 しろぼたん

Graptoveria 'Titubans'

別　名	－
タイプ	春秋型
難易度	🌱
直　径	6cm

「朧月」を片親にもつ交配種。白っぽいぷっくり
とした葉がやわらかな印象。暑さ、寒さに強く
育てやすい。葉挿しも容易にできる。

ティチュバンス錦 てぃちゅばんすにしき

Graptoveria 'Titubans' f. *variegata*

別　名	－
タイプ	春秋型
難易度	🌱
直　径	5.5cm

葉にクリーム色・ピンクの斑が入
る。茎が伸びやすいので切り戻し、
挿し芽にして仕立て直す。葉挿し
でも増えるが、葉挿しだと斑が安
定しない。

葉
淡いピンク色、
クリーム色の斑
が美しい。

パープルドリーム

Graptoveria 'Purple Dream'

別　名	－
タイプ	春秋型
難易度	🌱
直　径	6cm

赤紫色の葉はブドウの房のようになり、小型の
ロゼット形をしているのが特徴。群生しやすい
ため、シックな寄せ植えにおすすめ。

デビー

Graptoveria 'Debbi'

別 名	－
タイプ	春秋型
難易度	🌱
直 径	7cm

薄紫色の葉が特徴的。夏はやや緑がかり、冬は濃いピンクに紅葉する。薄紫色の葉色はカイガラムシがつきやすいので注意。

葉は薄紫色で紅葉するとピンク色となる。

春にオレンジ色の花を咲かせる。

薄氷 はくひょう

Graptoveria -

別 名	姫朧月（ひめおぼろづき）
タイプ	春秋型
難易度	🌱
直 径	6.5cm

「朧月」を片親にもつ交配種で、幹が立ち上がりやすい。葉は淡いブルーグリーンで紅葉するとピンク〜ベージュになる。

ピンクルルビー

Graptoveria 'Bashful'

別 名	−
タイプ	春秋型
難易度	🌿
直 径	6cm

グリーンの肉厚の葉がギュッと集まり、ロゼット状に展開。秋から冬に、ルビー色に紅葉し、まさに宝石のような葉姿になる。

紅姫 べにひめ

Graptoveria 'Decairn'

別 名	−
タイプ	春秋型
難易度	🌿
直 径	6.5cm

ニュアンスのある灰緑色の薄い葉がロゼット状に広がるのがポイント。紅葉もグレイッシュなピンク色に染まり、大人な雰囲気。

マーガレットレッピン

Graptoveria 'Margarete Reppin'

別 名	−
タイプ	春秋型
難易度	🌿
直 径	9.5cm

「フィリフェルム」と「白牡丹」のハイブリッド。美しいロゼット形が特徴で、秋になるとピンク色に紅葉する。株分けで容易に増やせる。

葉

葉の縁がほんのりピンク色を帯びる。

Cotyledon

コチレドン

ベンケイソウ科

熊童子（くまどうじ）

DATA

原産地	南アフリカなど
タイプ	春秋型
開花期	6月〜11月
難易度	🌿（一部 🌿🌿🌿）

熊や猫の手のようなかわいいフォルム

　ふっくらとしたものや、葉縁に赤い突起があるものなど葉形がユニーク。そのかわいらしいフォルムから熊や猫などの動物の名前がついたものもあり、人気があります。

　暑さ、寒さに強い種が多いですが、夏の高温多湿や強光が苦手です。夏は、直射日光を避け、風通しのよい半日陰で乾かし気味に育てましょう。葉が微毛や白い粉に覆われているタイプの水やりは、葉に水がかからないよう、鉢土に水やりをします。

　コチレドンは葉挿しで増えにくいため、挿し芽で増やしましょう。

	1月	2月	3月	4月	5月	6月	7月	8月	9月	10月	11月	12月
生育	休眠	休眠	生育	生育	生育		半休眠	半休眠	生育	生育	生育	生育緩慢
					開花	開花	開花	開花	開花	開花	開花	
置き場	日当たりのよい室内の窓辺	日当たりのよい室内の窓辺	日当たりと風通しのよい屋外									
肥料			薄めの液肥を1カ月に1回	薄めの液肥を1カ月に1回	薄めの液肥を1カ月に1回				薄めの液肥を1カ月に1回	薄めの液肥を1カ月に1回		
水やり	表面の土が乾いたら3〜4週間後に1回		表面の土が乾いたら1週間後に1回				表面の土が乾いたら1カ月に1回	表面の土が乾いたら1カ月に1回	表面の土が乾いたら1週間後に1回			表面の土が乾いたら3〜4週間後に1回
作業			植え替え、株分け、挿し芽、仕立直し						植え替え、株分け、挿し芽、仕立直し			
			薬剤散布						薬剤散布			

銀波錦 ぎんぱにしき

Cotyledon orbiculata

別名	－
タイプ	春秋型
難易度	🌿
直径	4cm

名前通り、色粉に覆われた銀緑色の葉で、葉縁がフリルのように波打つ。葉にはなるべく水をかけず、真夏は直射日光を避けて管理。

熊童子 くまどうじ

Cotyledon ladismithiensis

別　名	－
タイプ	春秋型
難易度	🌱🌱
直　径	13cm

肉厚の葉は産毛で覆われ、ギザギザとした葉先には赤褐色の小さな突起がある。その葉姿はまるで熊の手のよう。高温多湿が苦手。

原寸

葉は熊の手のようで先端が赤く色づく。

熊童子錦 くまどうじにしき

Cotyledon ladismithiensis f. variegata

別　名	－
タイプ	春秋型
難易度	🌱🌱
直　径	6cm

「熊童子」の斑入り品種。斑の色には、白、黄色がある。熊の手のような形をした葉は肉厚で、産毛で覆われている。高温多湿に注意。

だるま福娘 だるまふくむすめ

Cotyledon orbiculata －

別　名	－
タイプ	春秋型
難易度	🌱
直　径	5cm

葉は白い粉を帯びて白緑色になり、葉先の縁に紫紅色が入る。日当たりのよい場所を好むが、日差しの強くなる夏は半日陰などで管理する。

チョコライン

Cotyledon ‘ Choco Line ’

別名	－
タイプ	春秋型
難易度	🌿
直径	4cm

葉は肉厚で白い粉を帯びるため白緑色。葉の縁がやや波打ち、赤〜チョコレート色で縁取られる。葉の色が落ちないよう、水やり時に葉にかけないようにする。

葉

縁はやや波打ち赤〜チョコレート色。

原寸

葉の先端が色づき、桃のようなカラーリングに。

白桃 はくとう

Cotyledon －

別名	－
タイプ	春秋型
難易度	🌿🌿
直径	5.5cm

葉は紡錘形でスラリとしていて白っぽい緑色。先端が赤紫色に色づく。冬は日当たりのよい室内などで管理する。

パピラリス

Cotyledon papilaris

別名	ゴルビュー、花かんざし（はなかんざし）
タイプ	春秋型
難易度	🌿
直径	8cm

葉は緑色で先端付近の縁が赤〜茶色になる。葉はベタベタしているので土がつかないように注意。挿し芽で増やす。

葉

縁の先端から縁にかけて赤〜茶色に縁取られる。

ふっくら娘 ふっくらむすめ

Cotyledon orbiculata 'Fukkura'

別　名	－
タイプ	春秋型
難易度	🌱
直　径	5.5cm

ぷっくりとした丸い葉は白粉をまとい、葉先は紫色を帯びる。株が混み合ってきたら切って挿し芽にするとよい。

ペパーミント

Cotyledon orbiculata 'Peppermint'

別　名	－
タイプ	春秋型
難易度	🌱
直　径	12cm

原寸

葉の白さは成長するほどに増していく。

上へまっすぐ伸びる茎に、全体的に白みがかった青緑色の葉をつける。うねった形の葉がユニーク。伸びすぎたら切り戻して挿し芽にする。

ペンデンス

Cotyledon pendens

別　名	－
タイプ	春秋型
難易度	🌱
直　径	10cm

はうように伸びる茎に、ころんとした丸い葉を密につける。暑さ、寒さに強く育てやすい。夏に赤い花が咲き、秋に葉先が紅葉する。

モンキーネイル

Cotyledon 'Monkey Nail'

- 別 名 −
- タイプ 春秋型
- 難易度 🌱🌱
- 直 径 7.5cm

先端が尖った縦長の葉は、触るとベタつくことも。葉を重ねながら子株を出す。かわいらしい赤い花を、1本の花芽から複数咲かせる。

葉

葉の先端は赤いツメのように色づく。

花

濃い赤い色の花を咲かせる。

嫁入り娘 よめいりむすめ

Cotyledon orbiculata 'Yomeiri-Musume'

- 別 名 −
- タイプ 春秋型
- 難易度 🌱
- 直 径 8cm

緑色の肉厚の葉は白粉を帯び、赤〜ピンク色の縁取りが入る。その葉姿はまるで角隠しのよう。秋から春にかけて、美しさが増す。

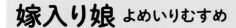

原寸

白粉を帯びた葉に鮮やかな赤〜ピンク色の縁取りが入る。

Conophytum

コノフィツム

ハマミズナ科

ヒリー

DATA

原産地	南アフリカなど
タイプ	冬型
開花期	10月〜2月
難易度	🌿（一部 🌿🌿🌿）

丸・足袋・鞍の形がかわいらしい

　ハマミズナ科のメセン類と呼ばれるグループで、リトープスに並ぶ、多肉植物の代表的なグループです。茎と葉が一体化しており、小石のような丸形や、足袋形、鞍形、コマ形など、さまざまな形があります。また、脱皮することで成長するのが特徴です。

　1年を通じて、屋外で育てることができます。夏以外の時期は、日当たり、風通しがよく、雨よけ、霜よけのできる屋外で育てましょう。夏の休眠期は、断水せず、月1回程度水やりをして、日当たり、風通しのよい半日陰で管理します。

	1月	2月	3月	4月	5月	6月	7月	8月	9月	10月	11月	12月
生育	生育	生育緩慢	生育				休眠			生育		
		開花									開花	
置き場	霜の当たらない屋外の日なた 夜間は簡易フレームに		日当たりと風通しがよく雨の当たらない屋外			風通しがよく雨の当たらない半日陰				日当たりと風通しがよく 雨の当たらない屋外		
肥料			薄めの液肥を 1カ月に1回								薄めの液肥を 1カ月に1回	
水やり	表面の土が乾いたら 3〜4週間後に1回		表面の土が乾いたら1週間後に1回				表面の土が 乾いたら1カ月に1回			表面の土が乾いたら1週間後に1回		
作業			薬剤散布						植え替え、株分け、葉挿し、仕立直し			
									薬剤散布			

安寿姫 あんじゅひめ

Conophytum -

別名	－
タイプ	冬型
難易度	🌿
直径	5.5cm

葉は丸く褐色の模様が入る。中央部分のくぼみから花が咲く。花はクリーム色で花弁が細く、夜に咲かせるタイプ。

ウィゲッタエ

Conophytum truncatum var. *wiggettiae*

別　名	ウィゲッティー
タイプ	冬型
難易度	🌱
直　径	4cm

葉の上部に緑色の斑点が入り、中央部分がくぼんだコマ形。夜に花が咲く。夏に枯れたようになり、秋の成長期に茶色の皮を破って新芽が出る。

エリサエ

Conophytum bilobum var. *elishae*

別　名	－
タイプ	冬型
難易度	🌱
直　径	4cm

葉は比較的大きく足袋のような形で、先端が分かれる。秋から冬にかけて縁が赤っぽく色づく。

オペラローズ

Conophytum ‘Opera Rose’

別　名	－
タイプ	冬型
難易度	🌱
直　径	4.5cm

葉の上部が割れ、ハート形に見えるのがかわいらしい人気種。秋から冬にピンク色の花を咲かせる。夏は遮光し、断水気味に育てるとよい。

クプレイフロルム

Conophytum -

別 名	-
タイプ	冬型
難易度	🌱
直 径	5cm

葉は足袋のような形で先端が分か
れる。中央部分のくぼみからオレ
ンジ色の花を咲かせる。夏に休眠
するので水やりは控える。

花

花弁の細いオレ
ンジ色の花を咲
かせる。

小米ビナ こごめびな

Conophytum -

別 名	小米雛（こごめびな）
タイプ	冬型
難易度	🌱🌱
直 径	4.5cm

小さな足袋のような形の葉が群生する小型種。
夏は枯れたように休眠し、生育期に脱皮して株
が増える。その際水やりは控えめに与える。

蛇の目 じゃのめ

Conophytum ‘ Janome ’

別 名	-
タイプ	冬型
難易度	🌱
直 径	5cm

ぷっくりとしたハート形の葉はオ
ペラローズと似ている。葉の上部
の割れ目部分から、紫色のかわい
らしい花を咲かせる。

花

花びらは先端が
紫色でつけ根が
白色。

神鈴 しんれい

Conophytum meyeri

別　名	メイエリ
タイプ	冬型
難易度	🌿
直　径	3cm

葉は足袋形の淡い緑色でドットが入る。秋から冬に先端付近が赤くなり、秋に鮮やかな黄色の花を咲かせる。

玉彦 たまひこ

Conophytum obcordellum ' N. Vredendal '

別　名	－
タイプ	冬型
難易度	🌿
直　径	6cm

丸い緑の葉に、濃い緑のドットが入る。秋から冬にビビッドな黄色い花を咲かせる。葉に枯れた花がつくと色素沈着を起こすことがあるので注意。

ピアルソニー

Conophytum pearsonii

別　名	ペアルソニー
タイプ	冬型
難易度	🌿
直　径	4cm

コマ形の葉が群生し、模様はない。秋には葉が隠れるほどの大きなピンク色〜紫色の花を咲かせる。夏は涼しい半日陰で断水するとよい。

ヒリー

Conophytum hilli

別　名	－
タイプ	冬型
難易度	🌿
直　径	4cm

丸形の葉には模様が入り、緑やクリーム色、白っぽいものなど、葉色の種類が豊富。秋にキクのような花を咲かせ、花色もさまざま。

フィシホルメ

Conophytum ficiforme

別 名	フィキフォルメ
タイプ	冬型
難易度	🌿
直 径	3cm

緑色の葉に赤紫のドット
や模様が入る。イソギン
チャクのような花を咲か
せ、花色は白やピンク、紫
色など。株分けで増やす。

花

ペルシダム

Conophytum pellucidum

別 名	ペルシーダ
タイプ	冬型
難易度	🌿
直 径	4.5cm

鞍形の葉をもつ小型種で、頂部は透明で不規則な
模様が入る。葉の色や模様は個体によってさまざま。

ミニマム・ウィッテベルゲンセ

Conophytum minimum 'Wittebergense'

別 名	ウィッテベルゲンセ
タイプ	冬型
難易度	🌿
直 径	4.5cm

葉は白粉を帯びた淡い緑色で、赤紫色の不規則な
枝模様が入る。枝模様が太い選抜品種などもある。

ルイザエ

Conophytum luisae

別 名	ルイーザエ
タイプ	冬型
難易度	🌿🌿
直 径	5cm

葉は足袋形をしており、上
部に赤紫の斑が入る。葉
色は青緑色から灰緑色ま
で幅広く、群生している姿
がかわいらしい。秋に黄色
い花をつける。

花

DATA

原産地	世界各地
タイプ	主に春秋型（セダム）、春秋型、夏型（セデベリア）
開花期	3月〜11月
難易度	🌿（一部 🌿🌿🌿）

Sedum/Sedeveria

セダム/セデベリア

ベンケイソウ科

虹の玉（にじのたま）

丈夫・育てやすい・使いやすい

　セダムは、自生地が世界中におよぶ大きなグループ。多くの種はふっくらとした多肉質の小さな葉が密集し、その草姿はかわいらしく、寄せ植えにも向きます。また、紅葉を楽しめるものも多いです。

　セデベリアは、セダムとエケベリア（P48）の属間交配種です。両者のよいところがかけ合わされ、丈夫で育てやすいのが特徴といえます。セダムもセデベリアも、育て方は基本的に同じです。日当たりを好むため、真夏の直射日光以外はよく日に当てて育てます。高温多湿が苦手なので、夏はとくに風通しよく管理します。

	1月	2月	3月	4月	5月	6月	7月	8月	9月	10月	11月	12月
生育	生育緩慢	半休眠	生育				生育緩慢	休眠		生育		
			開花									
置き場	霜の当たらない屋外の日なた 夜間は簡易フレームに		日当たりと風通しがよく雨の当たらない屋外			風通しがよく雨の当たらない半日陰			日当たりと風通しがよく 雨の当たらない屋外			
肥料			薄めの液肥を 1カ月に1回							薄めの液肥を 1カ月に1回		
水やり	表面の土が乾いたら 3〜4週間後に1回		表面の土が乾いたら1週間後に1回				表面の土が乾いたら 3〜4週間後に1回（種によっては断水）			表面の土が乾いたら1週間後に1回		
作業			植え替え、株分け、葉挿し、挿し芽、仕立て直し							植え替え、株分け、葉挿し、挿し芽、仕立て直し		
			薬剤散布							薬剤散布		

アトランティス

Sedum telephium ' Atlantis '

別名	−
タイプ	春秋型
難易度	🌿
直径	8cm

はっきりとした斑入の葉が魅力。庭植えのグラウンドカバーとしても利用される。紅葉すると白い斑の部分がピンク色に紅葉する。

アラントイデス

Sedum allantoides

別 名	−
タイプ	春秋型
難易度	🌿
直 径	6cm

直立する茎に、先の丸い棒状の葉をつける。その姿はまるで、ツルッとしたサボテンのよう。1年を通して日の当たる場所で管理する。

原寸

丸い棒状の葉は
似た乙女心の葉
よりも細い。

ウインクレリー

Sedum winkrelii

別 名	−
タイプ	春秋型
難易度	🌿
直 径	10cm

ライムグリーンの葉は小さなロゼット状をしており、触るとややベトベトする。生命力が強く、ランナーを伸ばし子株を増やす。

葉

葉はベトベトす
るのでゴミがつ
かないように注
意する。

黄金細葉万年草 おうごんほそばまんねんぐさ

Sedum −

別 名	ゴールデンカーペット
タイプ	春秋型
難易度	🌿
直 径	11cm

葉は明るいライムイエロー。庭植えのグラウンドカバーとしても利用される。葉が丸い黄金丸葉万年草もある。

オーロラ

Sedum rubrotinctum f. *variegata*

別 名	−
タイプ	春秋型
難易度	🌿🌿🌿
直 径	11cm

虹の玉の斑入り品種。葉は光沢があり、ピンク色を帯びている。日当たりのよい場所で管理する。日当たりが悪いと徒長しやすいので注意。挿し芽で増やす。

原寸

葉は光沢のあるピンク色で秋に紅葉する。

黄麗 おうれい

Sedum adolphi 'Golden Glow'

別 名	月の王子 (つきのおうじ)
タイプ	春秋型
難易度	🌿
直 径	8cm

黄色い葉は、葉先がうっすら桃色に染まり、秋にはオレンジ色に紅葉する。寒さ、暑さに強く、1年中戸外で管理しても問題ない。

原寸

葉は黄色で先端がうっすら色づく。

黄麗錦 おうれいにしき

Sedum adolphi 'Golden Glow' f. *variegata*

別 名	−
タイプ	春秋型
難易度	🌿
直 径	3.5cm

黄麗の斑入り品種。葉は黄麗よりも淡い色合いとなる。葉焼けしやすいので、とくに夏は遮光するか半日陰で管理する。

乙女心 おとめごころ

Sedum pachyphyllum

別 名	－
タイプ	春秋型
難易度	❀❀❀❀❀
直 径	8cm

卵型のふっくらした葉はライムグリーンをしており、葉先に赤が入る。色の対比がかわいらしい。光をしっかり当てると色が冴える。徒長しやすいので注意。

葉

ライムグリーンの葉は、先端が赤色になる。

カメレオン錦 かめれおんにしき

Sedum reflexum 'Chameleon' f. *variegata*

別 名	－
タイプ	春秋型
難易度	❀
直 径	8cm

ナチュラルな白緑色の葉が積み重なるようにして上に伸びる。冬に葉先がライラック色に染まると美しさが増す。寄せ植えにもぴったり。

玉連 ぎょくれん

Sedum furfuraceum

別 名	群毛豆（ぐんもうづ）
タイプ	春秋型
難易度	❀❀❀
直 径	6.5cm

分岐する枝に、小さな豆のような葉を塊状につける。葉は紅葉するとチョコレート色に染まる。夏になるとかわいらしい白い星形の花が咲く。

葉

小さな葉は丸く、つやがあり塊状につく。

クライギー

Sedum -

別 名	-
タイプ	春秋型
難易度	🌱🌱
直 径	5.5cm

葉は肉厚で丸みがあり、白粉がかった淡い紫色。
徒長しやすいので日当たりのよい場所で管理し、
夏は明るい日陰に移動する。葉挿しや挿し芽で
増やす。

小松緑 こまつみどり

Sedum multiceps

原寸

太い茎から伸び
た茎の先端に葉
が集合してつく。

別 名	-
タイプ	冬型
難易度	🌱🌱
直 径	7 cm

同属では数少ない冬型。針葉樹の
樹皮に似た茎に、丸く細長い葉を
松のようにつける姿はまるで盆栽
のよう。冬に葉先が紅葉する。

サルサベルテ

Sedum -

別 名	サルサヴェルデ
タイプ	春秋型
難易度	🌱
直 径	11cm

葉は小さく丸みを帯び、茶色がかった緑色で新
芽は緑色。庭植えのグラウンドカバーにも利用
できる。挿し芽で増やす。

樹氷 じゅひょう

Sedeveria 'Silver Frost'

別 名	－
タイプ	春秋型
難易度	🌿🌿
直 径	10cm

明るい黄緑色の葉は、冬になると紅葉し、葉先が
ほんのりと赤くなる。日の当たる場所で管理すると、
徒長を防ぐことができる。

新玉つづり しんたまつづり

Sedum burrito

別 名	姫玉綴り（ひめたまつづり）、ビアホップ
タイプ	春秋型
難易度	🌿
直 径	6.5cm

小さなつぶつぶの肉厚な葉は、マスカットグリーン
色で、成長すると垂れ下がる。その葉姿を寄せ植
えに利用するのもおすすめ。

スノージェイド

Sedeveria 'Yellow Humbert'

別 名	ハンメリー
タイプ	春秋型
難易度	🌿🌿
直 径	9.5cm

乙女心に似た形の葉をつけ、鮮やかなグリーンの
先端が赤く色づく。茎がどんどん伸びるので形が
乱れたら切り戻して挿し芽、葉挿しにする。

スプリングワンダー

Sedum 'Spling Wander'

別 名	－
タイプ	春秋型
難易度	🌿
直 径	9cm

小さなロゼット型の葉が積み重なるように展開す
る。春には淡いピンク色の花を咲かせ、秋には葉
が紫色に紅葉する。蒸れが苦手。

タイトゴメ

Sedum oryzifolium

別 名	大唐米（たいとごめ）
タイプ	春秋型
難易度	🌱
直 径	14cm

日本原産の多肉植物で、はうように伸びる茎に小さな丸い葉をつける。庭植えのグラウンドカバーとしても重宝する。丈夫で育てやすい。

玉つづり たまつづり

Sedum marganianum

別 名	－
タイプ	春秋型
難易度	🌱🌱
直 径	12cm

翡翠色の小さな玉状の葉を、何枚も重ねてつける。成長すると葉が垂れ下がることも。寒さに弱いので冬は室内に置く。

玉葉 たまば

Sedum stahlii

別 名	－
タイプ	春秋型
難易度	🌱
直 径	7cm

ぷっくりとしたブドウ色の葉は、夏に緑色に変化。成長すると茎が倒れたり、垂れ下がったりする。

葉

天使の雫 てんしのしずく

Sedum treleasei

別 名	－
タイプ	春秋型
難易度	🌱🌱
直 径	6cm

ころころと丸みのある葉は、秋になると淡い紅色に染まる。高温多湿に弱いため、風通しのよい場所で管理を。伸びてきたら剪定する。

ドラゴンズブラッド

Sedum spurium ' Dragon's Blood '

別 名	−
タイプ	春秋型
難易度	🌿
直 径	11cm

茎の先端にロゼット状の葉を展開させる。夏は緑色だが、寒さが増すと美しい赤胴色に染まる。水の与えすぎは、徒長、根腐れの原因に。

虹の玉 にじのたま

Sedum rubrotinctum

別 名	−
タイプ	春秋型
難易度	🌿🌿🌿
直 径	10cm

茎に、つぶつぶとしたつややかな葉が集まる。葉の色は通常緑色だが、秋頃から赤〜オレンジ色に紅葉する。挿し木、葉挿しで増やせる。

春萌 はるもえ

Sedum ' Alice Evans '

別 名	−
タイプ	春秋型
難易度	🌿🌿🌿
直 径	8cm

木立性で、明るいグリーンの肉厚な葉がギュッと集まる。寒さに強く、寒冷地でなければ屋外管理でも問題ない。挿し芽で増える。

斑入りタイトゴメ ふいりたいとごめ

Sedum oryzifolium f. *variegata*

別名	－
タイプ	春秋型
難易度	🌿🌿
直径	10cm

タイトゴメに斑が入ったもので、小さな丸い葉に淡い黄色の斑が入る。夏と冬には控えめに水やりをする。挿し芽で増やす。

パープルヘイズ

Sedum dasyphyllum var. *glanduliferum*

別名	－
タイプ	春秋型
難易度	🌿
直径	11cm

小さな粒上の葉は、秋になると紫色に紅葉する。極小のセダムで、苔のように横に広がるのが特徴。夏の直射日光と蒸れに注意する。

パステルグリーン

Sedum 'Pastel Green'

別名	－
タイプ	春秋型
難易度	🌿🌿
直径	8cm

松葉のようなパステルグリーンの葉が特徴的。葉は秋に赤く紅葉する。夏は控えめに水やりをし、明るい日陰で管理する。

原寸

葉は細く、放射状に密につく。

ヒントニー

Sedum hintonii

別　名	－
タイプ	春秋型
難易度	🌱
直　径	7cm

ぷっくりとした青緑色の葉に、産毛がびっしり生えている。はじめはロゼット状に展開するが、後に茎を伸ばす。春に白い花を咲かせる。

葉

表面には産毛が密に生え、葉を白っぽくする。

ブーレアナム

Sedum booleanum

別　名	ゴンザレス
タイプ	春秋型
難易度	🌱
直　径	6.5cm

葉は白色の粉を吹き、青みがかる。伸びた茎に規則正しく葉をつけ、葉のつけ根からわき芽が出る。挿し芽で増やす。

ファンファーレ

Sedeveria 'Fanfare'

別　名	－
タイプ	春秋型
難易度	🌱🌱
直　径	6cm

年間を通して葉の色は変わらず、紅葉すると葉先が色づく程度。子株が出るので、株分けで増やす。徒長しやすいので注意する。

ブルーエルフ

Sedeveria 'Blue Elf'

別 名	―
タイプ	春秋型
難易度	🌱🌱🌱
直 径	7cm

ロゼット状に葉をつけ、葉先が赤くなる。風通しと日当たりのよい場所に置いて管理する。子株が出るので株分けで増やす。

ブレビフォリウム

Sedum brevifolium

別 名	―
タイプ	春秋型
難易度	🌱
直 径	6cm

小さな葉がロゼット状に集まり、幹立ちする姿がかわいらしい。成長すると地面を這うように広がるため、グラウンドカバーにも最適。

宝珠 ほうじゅ

Sedum dendroideum

別 名	―
タイプ	春秋型
難易度	🌱
直 径	9.5cm

やわらかくカーブした平べったい葉形がユニーク。寒くなると紅葉し、赤紫色に染まる。寒さ、暑さに強いが、徒長しやすいので注意。

マジョール

Sedum dasyphyllum ‘ Major ’

別 名	ダシフィルム・マジョール
タイプ	春秋型
難易度	🌱
直 径	10cm

小さく丸い葉がロゼット状に集まり、積み重なるようにして展開する。上に伸びながら倒れ、群生。小型なので寄せ植えにも適している。

マッコス錦 まっこすにしき

Sedeveria ‘ Marcus ’ f. *variegata*

別 名	－
タイプ	春秋型
難易度	🌱🌱
直 径	7cm

マッコスの斑入り種で、黄色や白色の斑が入る。寒さに弱いので室内で管理する。徒長しやすいので日当たりのよい場所に置くなど注意する。

緑亀の卵 みどりがめのたまご

Sedum hernandezii

別 名	－
タイプ	春秋型
難易度	🌱🌱🌱
直 径	5cm

緑色で卵形の葉が、茎にびっしりつく。日によく当てて育てると、色が冴え、徒長を防ぐことができる。寒さに強いが、夏の蒸れに注意。

銘月 めいげつ

Sedum adolphii

別 名	名月（めいげつ）、アドルフィー
タイプ	春秋型
難易度	🌿
直 径	10cm

黄緑色で批針形の葉はつややか。葉縁や先端はほんのり赤く染まる。気温が低くなると濃い黄色になる。茎が伸びたら切り戻すとよい。

八千代 やちよ

Sedum corynephyllum

別 名	－
タイプ	春秋型
難易度	🌿🌿
直 径	7cm

黄緑色で楕円形をした肉厚な葉を、垂直に伸びた茎にたくさんつける。葉先に、うっすら赤い斑が入るのも特徴的。暑さが苦手。

リトルビューティー

Sedum 'Little Beauty'

別 名	－
タイプ	春秋型
難易度	🌿
直 径	8cm

ロゼット状に淡いグリーンの葉をつけ、葉の先端がピンク色になる。紅葉すると全体がピンクに色づく。葉挿し、挿し芽で増やす。

レッドベリー

Sedum rubrotinctum ‘Redberry’

別　名	－
タイプ	春秋型
難易度	🌱
直　径	9cm

小さな粒状の赤い葉をびっしり密につける、虹の玉より小型なセダム。寒さに当たると真っ赤に紅葉する。寒さ、暑さに強いが、夏は蒸れに注意。地植えでも育つ。

レディジア

Sedeveria ‘Letizia’

別　名	レティジア、万華鏡（まんげきょう）
タイプ	春秋型
難易度	🌱
直　径	9cm

葉はロゼット状に広がり、寒くなると鮮やかな赤色に紅葉。0℃以下になる寒い時期には室内で管理する。茎が伸びやすいので、適宜切り戻す。

原寸

鮮やかなグリーンの葉は寒さに当たると先端から紅葉する。

123

DATA
原産地	アフリカ、インド、中米など
タイプ	春秋型
開花期	6月〜11月
難易度	🌿（一部 🌿🌿🌿）

セネシオ
Senecio
キク科

マサイの矢尻（まさいのやじり）

バラエティに富む草姿・花色

　葉が丸い粒状のものや、矢尻のような形のもの、茎がニョキニョキ伸びるタイプなど、変わった姿が多いのが特徴です。花の色も幅広く、黄色、紫、白、赤などがあります。

　生育期は基本的に春秋型ですが、種類によって休眠期が異なり、夏のタイプと冬のタイプがあります。比較的寒さに強いですが、マダガスカル島が原産地のものは寒さに弱いので注意してください。年間を通じて日当たりのよい場所で育てます。水やりは、用土が乾いたらたっぷり与えますが、蒸し暑さが苦手なため、夏は乾かし気味に管理しましょう。

	1月	2月	3月	4月	5月	6月	7月	8月	9月	10月	11月	12月
生育	休眠		生育				半休眠			生育		生育緩慢
						開花						
置き場	5〜0℃以下にならない日当たりのよい窓辺		日当たりと風通しがよく長雨の当たらない屋外				風通しがよく雨の当たらない半日陰の屋外			日当たりと風通しがよく長雨の当たらない屋外		
肥料			薄めの液肥を1カ月に1回							薄めの液肥を1カ月に1回		
水やり	表面の土が乾いたら3〜4週間後に1回		表面の土が乾いたら1週間後に1回				表面の土が乾いたら2〜3日後に1回 休眠中の株は3〜4週間後に1回			表面の土が乾いたら1週間後に1回		
作業			植え替え、株分け、葉挿し、挿し芽、仕立直し							植え替え、株分け、葉挿し、挿し芽、仕立直し		
			薬剤散布				薬剤散布				薬剤散布	

銀月 ぎんげつ

Senecio haworthii

別名	－
タイプ	春秋型
難易度	🌿
直径	10cm

直立するやや多肉質の茎に、ふっくらとした葉がつく。葉は全体が銀白色の毛に覆われ真っ白。冬から早春にかけて黄色い花が咲く。

グリーンネックレス

Senecio rowleyanus

別　名	緑の鈴（みどりのすず）
タイプ	春秋型
難易度	🌿
直　径	15cm

つる性の多肉植物で、茎を長く伸ばし、玉状の
葉をつけて垂れ下がる。乾燥には強いが、多湿
が苦手なので風通しのよい場所で管理。

紫蛮刀 しばんとう

Senecio crassissimus

別　名	紫匠（ししょう）、魚尾冠（ぎょびかん）
タイプ	春秋型
難易度	🌿
直　径	10cm

薄っぺらい刀のような葉は白粉で覆われ、紫色
の縁がポイント。強光下であれば緑の色の発色
がよくなる。紅葉すると紫色に染まる。

清涼刀 せいりょうとう

Senecio ficoides

別　名	－
タイプ	春秋型
難易度	🌿
直　径	5.5cm

葉は青みがかった緑色。肉厚で刀
のような形の葉を直立するように
つけていく。挿し芽で増え、切り
出した部分からもよく芽吹く。

原寸

葉は青緑色で直
立するようにつ
ける。

タリノイデス

Senecio talinoides

別 名	−
タイプ	春秋型
難易度	🌿
直 径	4.5cm

葉は白粉が吹いた青緑色で、葉の形などタイプは様々ある。茎が立ち上がり、成長すると高さ40cmほどになる。

ドルフィンネックレス

Senecio peregrinus

別 名	−
タイプ	春秋型
難易度	🌿
直 径	12cm

つる性の多肉植物で、はうように茎を伸ばし、十字形で肉厚の葉をつけて垂れ下がる。ハンギングなどに最適。多湿にならないよう風通しのよい場所で管理。

白寿楽 はくじゅらく

Senecio citriformis

別 名	−
タイプ	春秋型
難易度	🌿
直 径	3.5cm

先が尖った丸い形の葉は、白粉が吹いて青緑色に筋が入る。成長すると茎が立ち上がる。徒長したら切り戻して挿し芽にする。

マサイの矢尻 まさいのやじり

Senecio kleiniiformis

別 名	－
タイプ	春秋型
難易度	🌱
直 径	10cm

名前通り、矢尻のような形の葉を
しており、葉全体が内側に巻き込
むのが特徴的。夏は半日陰で、冬
は日の当たる室内で管理する。

原寸

葉の先端が内側
に反り、矢尻の
ような形に。

美空鉾 みそらのほこ

Senecio antandroi

別 名	－
タイプ	春秋型
難易度	🌱
直 径	8cm

青みがかった緑色の細長い葉は、白粉に覆われ
密生する。成長は遅いが、生育旺盛で育てやす
い。株姿が乱れてきたら剪定するとよい。

ヤコブセニー

Senecio jacobsensii

別 名	－
タイプ	春秋型
難易度	🌱
直 径	9cm

ケニア、タンザニア原産。うちわのような形の
葉は、光沢のある緑色をしており、紅葉すると
赤紫色に染まる。成長すると垂れ下がる。

Sempervivum

センペルビウム

ベンケイソウ科

DATA

原産地	ヨーロッパの高山地帯など
タイプ	春秋型（冬型に近い）
開花期	2月〜7月中旬
難易度	🌱（一部 🌱🌱🌱）

幾重にも重なる葉が特徴

先端が尖った細めの葉が何枚も重なり、ロゼット状に広がるのが特徴的。寒さに当たると赤〜紫色に紅葉します。整ったロゼット状の葉姿とシックな色合いは、モダンな寄せ植えの主役に最適です。

寒さに強いため、通年屋外で育てることができます。生育期は日なたから半日陰で管理し、梅雨〜夏の高温多湿時期は風通しがよく、少し遮光できる場所に移動させてください。乾燥に強いことから、水やりは用土が乾いてから与えます。夏は断水気味に、冬は控えめに与えるとよいでしょう。

ゴールデンナゲット

	1月	2月	3月	4月	5月	6月	7月	8月	9月	10月	11月	12月
生育	生育緩慢		生育					休眠		生育		
			開花									
置き場			日なた〜半日陰で風通しのよい屋外					風通しがよく雨の当たらない屋外		日なた〜半日陰で風通しのよい屋外		
肥料			薄めの液肥を1カ月に1回							薄めの液肥を1カ月に1回		
水やり	表面の土が乾いたら3〜4週間後に1回		表面の土が乾いたら1週間後に1回					表面の土が乾いたら3〜4週間後に1回		表面の土が乾いたら1週間後に1回		
作業			植え替え、株分け							植え替え、株分け		
			薬剤散布						薬剤散布			

アンジェリーク

Sempervivum ' Angelique '

別名	−
タイプ	春秋型
難易度	🌱
直径	6cm

ロゼット状に葉を広げ、縁に産毛が生える。寒さに当たると紅葉する。ランナーの先に子株がつくので、ランナー挿しで増やす。

大紅巻絹 おおべにまきぎぬ

Semperivivum 'Ohbenimakiginu'

別 名	－
タイプ	春秋型
難易度	🌱
直 径	6cm

葉はロゼット状に展開し、白い綿毛を先端につける。四季を通じて葉色が変化。寒さに強いため、関東以西であれば戸外でも生育できる。

キューベンセ

Sempervivum arachnoideum 'Cuebenese'

別 名	－
タイプ	春秋型
難易度	🌱
直 径	6cm

半球状のロゼットに葉を広げる。寒さに強いが暑さに弱いので夏は明るい日陰で風通しよく管理する。子株が出るので、株分けで増やす。

キーライムキス

Semperivivum 'Key Lime Kiss'

別 名	－
タイプ	春秋型
難易度	🌱
直 径	6cm

小型のロゼット状で葉は鮮やかなライムグリーン。全体に産毛が生える。子株がよく出て群生するため、株分けで増やせる。

ゴールデンナゲット

Semperivivum 'Gold Nugget'

別 名	－
タイプ	春秋型
難易度	🌱
直 径	6cm

葉は緑色で、寒さに当たると紅葉し、黄色〜オレンジ色に色づく。夏の蒸れに注意し、冬は控えめに水やりをする。

Dudleya

ダドレア

ベンケイソウ科

DATA

原産地	中米、アフリカ南部〜東部など
タイプ	冬型
開花期	7月下旬〜10月上旬
難易度	🌿🌿🌿（一部 🌿🌿🌿🌿🌿）

仙女盃（せんにょはい）

白く美しいロゼット状の葉をもつ

葉の表面が白い粉に覆われ、ロゼット状に展開します。その白さは美しく、華麗な印象です。この白い粉は容易にはげてしまうため、手で触れたり、葉に水がかからないように注意しましょう。夏〜秋に花茎を伸ばし、白や黄色の花を咲かせます。

休眠期である夏は、白い粉がはげて見た目が悪くなりがちですが、生育期にしっかり日差しを当てて育てると、葉の白さが増して元の姿に戻ります。夏の暑さと蒸れに弱いため、断水気味にし、風通しよく、乾かし気味に管理してください。

	1月	2月	3月	4月	5月	6月	7月	8月	9月	10月	11月	12月
生育	生育	休眠	生育				休眠	開花		生育		
置き場		屋外の簡易フレーム	日当たりと風通しのよい屋外				風通しがよく雨の当たらない半日陰		日当たりと風通しのよい屋外			
肥料			薄めの液肥を1カ月に1回						薄めの液肥を1カ月に1回			
水やり		表面の土が乾いたら3〜4週間後に1回	表面の土が乾いたら1週間後に1回				表面の土が乾いたら3〜4週間後に表面が濡れる程度に1回		表面の土が乾いたら1週間後に1回			
作業			植え替え、株分け、挿し芽						植え替え、株分け、挿し芽			
			薬剤散布						薬剤散布			

グリニー

Dudleya greenei

別名	－
タイプ	冬型
難易度	🌿🌿🌿
直径	7cm

葉は白粉が吹いて銀青緑色。とくに新芽部分は白色になる。葉の色を落とさないように水やりの際に注意。木立性で古い葉は抜け落ちず茎につく。

葉

新芽部分がとくに白く、手で触ったり水がかかると色落ちする。

仙女盃 せんにょはい

Dudleya brittonii

別 名	ダドレア・ブリトニー
タイプ	冬型
難易度	🌿🌿🌿
直 径	9.5cm

流通数が少なく、希少性が高い。先が尖った白い葉を放射状に広げる。多湿が苦手なため、夏は水を控えめにし、風通しのよい場所で管理。

ハセイ

Dudleya hassei

原寸

葉の先端など手が触れやすい部分が色落ちしやすい。

別 名	ハッセイ
タイプ	冬型
難易度	🌿🌿🌿
直 径	9cm

葉は細長く白粉がかったシルバーブルー。大型種で枯れた葉が残った姿は迫力がある。水やりは葉に水がかからないようにし、夏は控えめに。

ランセオラータ

Dudleya lanceolata

別 名	−
タイプ	冬型
難易度	🌿🌿🌿
直 径	12cm

白い粉を帯び、シルバーがかった緑色の葉は放射状に広がる。夏の休眠期には断水し、遮光でき、風通しのよい場所で管理するとよい。

Haworthia

ハオルチア

ツルボラン科

DATA

原産地	南アフリカ
タイプ	春秋型
開花期	9月中旬〜12月、3月〜7月上旬
難易度	🌿（一部 🌿🌿🌿）

ピクタ

いろいろな葉形で魅力たっぷり

　南アフリカだけに自生するグループです。葉の形がバラエティに富み、先端部に半透明な「窓」があるタイプや、かたい葉をもつタイプ、白い毛がついたタイプ、頭部が平なタイプなどがあります。

　年間を通じて、風通しがよく、明るい半日陰の屋外で、やや湿度を与えながら管理します。水やりは、春と秋の生育期には用土が乾いたらたっぷりと、真夏には朝夕の涼しい時間帯に控えめに与えましょう。冬は関東平野部以西や、5℃以上を保てる場所であれば簡易フレームで冬越し可能です。

	1月	2月	3月	4月	5月	6月	7月	8月	9月	10月	11月	12月
生育	生育	半休眠	生育					半休眠		生育		
			開花								開花	
置き場	霜の当たらない屋外の日なた		日当たりと風通しがよく雨の当たらない屋外				霜の当たらない屋外の日なた			日当たりと風通しがよく雨の当たらない屋外		
肥料			薄めの液肥を1カ月に1回							薄めの液肥を1カ月に1回		
水やり	表面の土が乾いたら3〜4週間後に1回		表面の土が乾いたら1週間後に1回				表面の土が乾いたら3〜4週間後に1回			表面の土が乾いたら1週間後に1回		
作業			植え替え、株分け、葉挿し、仕立直し				薬剤散布		植え替え、株分け、葉挿し、仕立直し		薬剤散布	薬剤散布

オブツーサ

Haworthia cooperi var. *truncata*

別名	トルンカータ
タイプ	春秋型
難易度	🌿
直径	5.5cm

ぷっくりとした肉厚の丸い葉は、先端が半透明の窓になっているのが特徴。水を好むが、高温多湿が苦手なので土が乾いてから与える。

葉

先端にある半透明な窓が光を透かす。

オブツーサ・マスカット

Haworthia cooperi var. *truncata* ‘ Muscat ’

別 名	マスカット
タイプ	春秋型
難易度	🌱
直 径	6.5cm

「オブツーサ」よりも全体に大きく育ち、葉もや
や長い。葉の先端に半透明の窓がある。夏は控
えめに水やりをする。

玉扇 ぎょくせん

Haworthia truncata

別 名	－
タイプ	春秋型
難易度	🌱
直 径	6cm

葉は切断されたような形をしており、独特な
フォルム。頭頂部に模様が入る。数多くの品種
があり、窓の大きさ、形、模様に個体差がある。

十二の巻 じゅうにのまき

Haworthia fasciata -

別 名	－
タイプ	春秋型
難易度	🌱
直 径	6.5cm

代表的な硬い葉系のハオルチア。葉の外側にゼ
ブラ柄の白い模様が入る。直射日光に当てると
葉焼けを起こすため、遮光して管理する。

シンビフォルミス

Haworthia cymbiformis

別 名	－
タイプ	春秋型
難易度	🌿
直 径	8cm

南アフリカでは広範囲に自生し、地域ごとにさまざまなタイプがある。高温多湿を嫌うので、風通しのよい場所で管理する。

葉

半透明な窓があり、斑の部分のクリーム色が重なりより鮮やかな葉色に。

宝草錦 たからぐさにしき

Haworthia × cuspidata f. variegata

別 名	－
タイプ	春秋型
難易度	🌿
直 径	5cm

交雑種である「宝草」の斑入り種。斑は、クリーム色が大きく入ったり、縦に筋が入ったりなどさまざまで、個体差がある。強健で育てやすく、子吹きがよい。

白羊宮 はくようきゅう

Haworthia 'Manda's hybrid'

別 名	－
タイプ	春秋型
難易度	🌿
直 径	6cm

先端の尖った明るいライムグリーンの葉をロゼット状に広げる。寒くなるにつれて紅葉し、赤みを帯びる。子株を出し群生する。

パルバ

Haworthia tessellata var. *parva*

別 名	－
タイプ	春秋型
難易度	🌿
直 径	6.5cm

葉は小さく反り返り、先端の三角形の窓には薄い縦筋が入るのが特徴的。生育の止まる夏と冬の水やりは控えめにするとよい。

ピクタ

Haworthia Picta

別 名	－
タイプ	春秋型
難易度	🌿
直 径	11cm

深緑色の葉には、窓に小さな斑点が入り、コントラストが美しい。ピクタ種も数多くの変種、交配種があり、斑点の入り方はさまざま。

ビスコーサ

Haworthia viscosa

別 名	－
タイプ	春秋型
難易度	🌿
直 径	8cm

三角形の反った濃い緑色の葉が、3方向へ積み重なるようにつき、上へ上へと伸びていく。葉焼けしやすいので、半日陰や明るい日陰で管理する。

原寸

規則正しく葉が
重なり、三角形
をつくる。

ピリフェラ錦 ぴりふぇらにしき

Haworthia cooperi var. *pilifera* f. *variegata*

別　名	白斑ピリフェラ錦（しろふぴりふぇらにしき）
タイプ	春秋型
難易度	🌱
直　径	7cm

葉には白い模様が入り、先端部分の窓から、光を取り込んで光合成を行う。強光下では葉焼けするので、柔らかい光の下で管理するとよい。

葉
先端は半透明な窓と、毛のような「芒（のぎ）」がある。

竜鱗 りゅうりん

Haworthia tessellata

別　名	－
タイプ	春秋型
難易度	🌱
直　径	6.5cm

三角形の葉の窓に竜の鱗のような模様が入る大型種。夏は緑色をしているが、紅葉すると臙脂色に染まる。地下茎の先に子株をつけ増える。

葉
肉眼では見えにくいが光に当たると透ける。

瑠璃殿 るりでん

Haworthiopsis limifolia

別　名	－
タイプ	春秋型
難易度	🌱
直　径	8cm

葉先が細く尖った暗緑色の葉は、ガタガタとした横縞模様が入る。日光を好むが、直射日光は苦手。水のやりすぎに注意する。

原寸
三角形の葉には不規則な横縞模様が入る。

Pachyphytum/Pachyveria
パキフィツム/パキベリア
ベンケイソウ科

DATA

原産地	メキシコ
タイプ	春秋型
開花期	4月～6月
難易度	🌱（一部 🌱🌱🌱）

月美人（つきびじん）

白い粉をまとったふっくら丸葉

　パキフィツム、パキベリアともにふっくらとした丸い葉で、表面が白い粉に覆われているのが特徴。パキフィツムはニュアンスカラーの葉の色合いも魅力といえます。パキベリアはパキフィツムとエケベリアの属間交配種です。

　どちらも生育期は春秋型で、日当たり、風通しのよい場所を好みます。日照不足や雨にあたると葉の色が悪くなるので、たっぷり日差しを当てて、雨の当たらない場所で管理しましょう。水やりは、梅雨～夏は控えめにして乾燥気味に。春と秋は用土が乾いて1週間後にたっぷりと与えます。

Part 3 多肉植物図鑑 ハオルチア／パキフィツム／パキベリア

	1月	2月	3月	4月	5月	6月	7月	8月	9月	10月	11月	12月
生育	休眠				生育			半休眠		生育		生育緩慢
				開花								
置き場	屋外の簡易フレームまたは日当たりのよい窓辺で換気					日当たりと風通しがよく雨の当たらない屋外						
肥料			薄めの液肥を1カ月に1回						薄めの液肥を1カ月に1回			
水やり	表面の土が乾いたら3～4週間後に1回		表面の土が乾いたら1週間後に1回、多湿にならないよう注意				表面の土が乾いたら3～4週間後に1回		表面の土が乾いたら1週間後に1回、多湿にならないよう注意			
作業			植え替え、株分け、葉挿し、挿し芽、仕立直し						植え替え、株分け、葉挿し、挿し芽、仕立直し			
			薬剤散布						薬剤散布			

東美人 あずまびじん

Pachyveria -

別名	-
タイプ	春秋型
難易度	🌱
直径	7cm

ブルーグレーの明るい緑色の葉で先端が色づく。日照不足だと徒長しやすいので、日当たりと風通しのよい場所で育てる。挿し芽・葉挿しで増やしやすい。

137

キャンディグレープ

Pachysedum 'Ganzhou'

別 名	−
タイプ	春秋型
難易度	🌱
直 径	4.5cm

パキフィツムとセダムの交配種で、白粉がかった紫色の葉が特徴。パキフィツムと同じように育ち、挿し芽、葉挿しで増える。

京美人 きょうびじん

Pachyphytum 'Kyoubijin'

別 名	群雀（ぐんじゃく）
タイプ	春秋型
難易度	🌱
直 径	6.5cm

株全体に白粉で覆われ、ふっくらとしたブルーの葉を上向きにつける。茎がよく伸びるので、伸びすぎたら仕立て直して高さを抑える。

霜の朝 しものあした

Pachyveria 'Powder Puff'

別 名	パウダーパフ
タイプ	春秋型
難易度	🌱
直 径	8cm

全体に白い粉が吹き、ブルーの葉の縁が紫色になる。色落ちさせないために、水やり、雨などが葉に当たらないように注意する。

原寸

新芽ほど白さが際立つ。触って色落ちしないように注意。

138

立田錦 たつたにしき

Pachyveria 'Cheyenne' f. *variegata*

別名	−
タイプ	春秋型
難易度	🌱
直径	7.5cm

「立田」の斑入り品種といわれるが、それほど似ていない。葉は白色の斑が入って細長く、カールする。秋にピンク〜紫色に紅葉する。蒸れに弱いので風通しのよい場所で管理する。

千代田の松 ちよだのまつ

Pachyphytum −

別名	−
タイプ	春秋型
難易度	🌱
直径	6.5cm

葉は青みがかった緑色で、独特な模様が魅力。成長すると葉が横に広がり、茎が立ち上がる。徒長したら切り戻し、挿し芽、葉挿し、わき芽の株分けで増やすことができる。

葉

葉は先が尖った卵形で筋が独特な模様をつくる。

月美人 つきびじん

Pachyphytum oviferum

別 名	ブルームーンストーン
タイプ	春秋型
難易度	🌱
直 径	6cm

星美人の園芸品種。丸っこい葉はうっすら白い粉で覆われている。紅葉するとピンク色に色づく。日照不足だと徒長するので注意。

フーケリー

Pachyphytum hookeri

別 名	－
タイプ	春秋型
難易度	🌱
直 径	5.5cm

細長い葉の先端は白く尖り、上へ上へと伸びて幹立ちする。葉姿の変化は少ないが、春になるとフラミンゴ色の美しい花を咲かせる。

桃美人 ももびじん

Pachyphytum 'Momobijin'

別 名	三日月美人（みかづきびじん）
タイプ	春秋型
難易度	🌱
直 径	6.5cm

肉厚な葉は先端が尖り、秋にパステルピンクに紅葉する。その葉姿は名前の通り桃のよう。夏は強い日差しを避け、涼しく管理する。

Bergeranthus multiceps

照波 てるなみ

ハマミズナ科・ベルゲランサス属

DATA

別名	三時草（さんじそう）
原産地	南アフリカ
タイプ	冬型
開花期	12月〜2月
難易度	🌿🌿
直径	6.5cm

先端が尖った細長い葉を広げる。関東以西の平野部では屋外で冬越しもできる。午後3時頃に黄色〜オレンジ色の花を咲かせる。丈夫で雨ざらしでも栽培可能。

	1月	2月	3月	4月	5月	6月	7月	8月	9月	10月	11月	12月
生育	生育	生育緩慢		生育			休眠			生育		
	開花											開花
置き場	霜の当たらない屋外の日なた		日当たりと風通しがよく雨の当たらない屋外				風通しがよく雨の当たらない半日陰		日当たりと風通しがよく雨の当たらない屋外			
肥料	薄めの液肥を1カ月に1回		薄めの液肥を1カ月に1回								薄めの液肥を1カ月に1回	
水やり	表面の土が乾いたら3〜4週間後に1回			表面の土が乾いたら1週間後に1回、多湿にならないよう注意			表面の土が乾いたら3〜4週間後に1回		表面の土が乾いたら1週間後に1回、多湿にならないよう注意			
作業			植え替え、株分け、葉挿し、挿し芽、仕立て直し						植え替え、株分け、葉挿し、挿し芽、仕立て直し			
			薬剤散布						薬剤散布			

Portulacaria molokiniensis

モロキニエンシス

ディディエレア科・ポーチュラカリア属

DATA

別名	−
原産地	南アフリカ、北米など
タイプ	夏型
開花期	4月中旬〜7月
難易度	🌿🌿🌿
直径	6cm

薄く丸い葉が交互につき、秋に黄色い花を咲かせる。成長すると茎が伸びて木質化する。夏は日当たり、風通しのよい場所で、冬は室内で落葉後に断水気味に管理する。

	1月	2月	3月	4月	5月	6月	7月	8月	9月	10月	11月	12月
生育	休眠			生育							生育緩慢	休眠
					開花							
置き場	日当たりのよい窓辺			日当たりと風通しがよく雨の当たらない屋外							日当たりのよい窓辺	
肥料				薄めの液肥を1カ月に1回								
水やり	表面の土が乾いたら3〜4週間後に1回			表面の土が乾いたら1週間後に1回							表面の土が乾いたら3〜4週間後に1回	
作業				植え替え、挿し芽、仕立て直し								
			薬剤散布				薬剤散布				薬剤散布	

Euphorbia

ユーフォルビア

トウダイグサ科

DATA

原産地	アフリカ、マダガスカル島など
タイプ	夏型、冬型
開花期	4月中旬〜7月（夏型）、9月〜10月中旬（冬型）
難易度	🌱（一部 🌱🌱🌱）

フォルムがユニーク

　多肉植物として扱われるユーフォルビア属はアフリカやマダガスカル島に自生しています。自生地の環境が異なるため、葉姿もさまざまですが、ユニークなフォルムのものが多いです。

　生育型は大きく夏型と冬型に分かれます。夏型とはいうものの春秋型に近く、春と秋に成長します。夏型、冬型ともに、基本的には日当たり、風通しのよい場所で管理しましょう。水やりは、夏型は春から秋にはたっぷり、休眠期には断水気味にします。冬型は、生育期にたっぷり、休眠期には水やりを止めます。切ると出る汁は有毒なので注意しましょう。

バリダ

	1月	2月	3月	4月	5月	6月	7月	8月	9月	10月	11月	12月
生育	休眠			生育								休眠
				開花								
置き場	日当たりのよい窓辺			日当たりと風通しがよく雨の当たらない屋外							日当たりのよい窓辺	
肥料				薄めの液肥を1カ月に1回								
水やり	表面の土が乾いたら3〜4週間後に1回			表面の土が乾いたら1週間後に1回							表面の土が乾いたら3〜4週間後に1回	
作業			薬剤散布	植え替え、挿し木、剪定			薬剤散布				薬剤散布	

アノプリア

Euphorbia polygona var. *anoplia*

別名	－
タイプ	夏型
難易度	🌱
直径	4cm

ねじれながら伸びるサボテンのようなフォルムで、縁に鋭いトゲはほとんどない。成長すると地面近くが木質化する。強い日差しでは葉焼けを起こすので注意。

峨嵋山 がびさん

Euphorbia 'Gabizan'

別　名	－
タイプ	夏型
難易度	🌱
直　径	9cm

鉄甲丸と瑠璃晃のハイブリッド。親株の肌はゴ
ツゴツとしており、そこから草のような子株を
つける。夏の高温多湿、直射日光が苦手。

Part

3

多肉植物図鑑　ユーフォルビア

クアドラングラリス

Euphorbia quadrangularis

別　名	翠眉閣（すいびかく）
タイプ	夏型
難易度	🌱🌱🌱
直　径	4cm

四角柱状に縦に長く伸び、表面中央部分に淡い
緑色の模様が浮き出る。縁にトゲがある。強い
日差しに弱いので一年を通して明るい日陰で管
理する。

葉

長さ3mmほどのトゲの
つけ根に小さな葉がつく。

グリーンボール

Euphorbia –

別 名	–
タイプ	夏型
難易度	🌱
直 径	6cm

デコボコとした姿で先端付近から
芽が出て独特な姿に。比較的丈夫
で育てやすいが、夏は直射日光が
当たらない場所で管理する。

子株

先端から出る子
株は外して挿し
芽に利用できる。

米粒キリン こめつぶきりん

Euphorbia –

別 名	–
タイプ	夏型
難易度	🌱
直 径	6cm

米粒のように小さな株が群生する。成長すると
先端から子株が出てより密になる。日当たりと
風通しのよい場所を好むが、夏の強い日差しに
は注意。

笹蟹丸 ささがにまる

Euphorbia pulvinata

別 名	プルビナータ
タイプ	夏型
難易度	🌱
直 径	5.5cm

小型の多肉植物。球形で稜の部分
から葉っぱとトゲ、子株を出して
群生する。とても丈夫で育てやす
く、日当たりのよい場所で管理。

子株

生育がよいと稜
の部分から子株
が次々と出る。

白樺キリン しらかばきりん

Euphorbia mammillaris f. variegated

別　名	－
タイプ	夏型
難易度	✿
直　径	7cm

マミラリスの斑入り品種。表面に突起がたくさんあり、見た目はサボテンのよう。強い日差しと寒さに弱いので注意する。

原寸

稜の頂部には小さな葉が出て、つけ根からトゲが出る。

スザンナエ

Euphorbia suzannae

別　名	瑠璃晃（るりこう）
タイプ	夏型
難易度	✿
直　径	6cm

球形で鋭くないトゲがたくさん出る。株元から子株が出て群生し、ドラゴンボールとも呼ばれる。梅雨の長雨に当てないように管理する。

デカリー

Euphorbia decaryi

別　名	ちび花キリン（ちびはなきりん）
タイプ	夏型
難易度	✿
直　径	9cm

塊根性のユーフォルビア。株元がふくらみ、多肉質な葉は縁が波打つのが特徴的。日当たり、風通しのよい場所で管理するとよい。

葉

葉は緑色〜暗い緑色で縁が大きく波打つ。

白角キリン はっかくきりん

Euphorbia resinifera

別名	−
タイプ	夏型
難易度	🌿
直径	20cm

肌はなめらかな緑色でトゲが短い。成長すると新しい枝が次々と伸びて、下部から木質化してくる。夏は直射日光が当たらない場所で管理。

バリダ

Euphorbia meloformis ssp. *valida*

別名	万代（ばんだい）
タイプ	夏型
難易度	🌿🌿
直径	15cm

メロフォルミスの変種。株は球体で、独特な縞模様がある。花が咲いたあとの枯れた花柄が株から飛び出た状態で残るのもユニーク。

美星玉 びせいぎょく

Euphorbia −

別名	−
タイプ	夏型
難易度	🌿
直径	5cm

緑色で稜の部分の突起が陰影をつける姿が美しい。短いトゲがあり、1カ所から2本出る。雨に当たらない場所で管理する。

姫キリン ひめきりん

Euphorbia submamillaris

別　名	−
タイプ	夏型
難易度	🌱
直　径	6.5cm

細かいトゲをもち、すらりと縦に伸びる。株元から子株をニョキニョキとたくさん出し、群生する姿がかわいらしい。乾燥に強いので水のやりすぎに注意。

フェロックス

Euphorbia ferox

別　名	−
タイプ	夏型
難易度	🌱
直　径	4.5cm

サボテンと見紛うほど立派なトゲが特徴。株は深緑色で、トゲは赤みがかったピンク色をしているが、個体差がある。子株は根本から吹く。

プラティクラダ

Euphorbia platyclada

別　名	−
タイプ	夏型
難易度	🌱
直　径	8cm

葉はなく、くすんだまだら模様でよく枝分かれする。生育期でも枯れたような姿からゾンビプランツとも呼ばれる。休眠期でも月1〜2回軽く水やりをする。

原寸

茎はくすんだピンク色で、黒色の筋が入る。

ホリダ

Euphorbia horrida

別 名	－
タイプ	夏型
難易度	🌿🌿🌿
直 径	12cm

見た目はサボテンそのもの。鋭いトゲは花が咲いたあとの花柄の名残である。バリエーションが豊富で、変種や園芸品種が多数ある。直射日光が苦手なため、半日陰で管理するとよい。

子株

株元からは子株が出て、株分けで増やすことができる。

ホワイトゴースト

Euphorbia lactea 'White Ghost'

別 名	－
タイプ	夏型
難易度	🌿🌿🌿
直 径	20cm

ラクテアの白化品種。名前の通り白い幽霊を連想させる株姿がユニーク。枝先からよく分枝する。夏の直射日光は避け、寒冷紗やよしずなどで光を弱めた場所で管理する。

原寸

白い肌の内部は緑色。稜からは赤い新芽が出る。

Lithops

リトープス

ハマミズナ科

DATA

原産地	南アフリカ、ナミビア、ボツワナなど
タイプ	冬型
開花期	9月下旬〜1月上旬
難易度	🌱

日輪玉（にちりんぎょく）

「生きた宝石」と呼ばれる多肉植物

葉と茎が同化したようなフォルムで、平らな頭部に石のような美しい模様があるのが特徴です。自生しているものは石に擬態しているように見え、「石に化ける」といわれています。また、その美しさから「生きた宝石」と呼ばれ、コレクターもいるほどです。

生育型は冬型で、春頃になると脱皮がはじまり、大きく成長していきます。形よく育てるには、秋〜春に日当たり、風通しのよい場所で管理することです。水やりは、春の脱皮がはじまる頃〜夏は控えめに。生育期から徐々に水やりを再開します。

	1月	2月	3月	4月	5月	6月	7月	8月	9月	10月	11月	12月
生育	生育	生育緩慢			脱皮		休眠			生育		
											開花	
置き場	日当たりのよい窓辺				日当たりと風通しがよく雨の当たらない屋外							
肥料									薄めの液肥を1カ月に1回			
水やり	表面の土が乾いたら3〜4週間後に1回			表面の土が乾いたら1週間後に1回、多湿にならないよう注意			表面の土が乾いたら3〜4週間後に1回		表面の土が乾いたら1週間後に1回、多湿にならないよう注意			
作業			薬剤散布						植え替え、株分け			
									薬剤散布			

網目巴里玉 あみめぱりぎょく

Lithops hallii

別名	－
タイプ	冬型
難易度	🌱
直径	3.5cm

頂部に入る細密な赤褐色の網目模様と、丈夫で育てやすいのが魅力。秋に白い花を咲かせる。多湿を嫌うので、梅雨時期はとくに注意する。

花紋玉 かもんぎょく

Lithops 'Kamongyoku'

別　名	－
タイプ	冬型
難易度	🌱
直　径	4cm

淡いピンク色のボディに、頂部は淡い茶色で濃い茶色〜赤色の荒い網目模様が入る。丈夫で育てやすく、初心者にも向く。秋に白の花が咲く中型種。

菊章玉 きくしょうぎょく

Lithops －

別　名	－
タイプ	冬型
難易度	🌱
直　径	5cm

日本で作出された品種。頂部に、菊の紋章のような赤茶色の模様が入る。通年、日当たりがよく、雨が当たらない戸外で管理するとよい。

黄微紋玉 きびもんぎょく

Lithops fulviceps var. *fulviceps* 'Aurea'

別　名	－
タイプ	冬型
難易度	🌱
直　径	3.5cm

全体が黄緑色で、頂部の地は淡い黄色に緑の斑点が乗る。秋に白花を咲かせる。水やりの頻度が多いと徒長しやすいので注意する。

葉

リトープスは中央の割れ目から新芽が出て倍々に増えていく。

柘榴玉 ざくろぎょく

Lithops bromfieldii

別　名	－
タイプ	冬型
難易度	🌱
直　径	3.5cm

名前通り柘榴の実を割ったような模様が特徴的。変種が多く、色合いのバリエーションがさまざまで、赤紫や黄色、緑色などがある。

紫勲 しくん

Lithops lesliei

別　名	－
タイプ	冬型
難易度	🌱
直　径	3.5cm

古くから親しまれている品種で、色の変異は多いが模様はほとんど同じ模様が入る。中型〜大型のものがあり、球径5cmほどに成長する。

雀卵玉 じゃくらんぎょく

Lithops bromfieldii var. mennelliisq

別　名	－
タイプ	冬型
難易度	🌱
直　径	3.5cm

頂部にもわもわっとした網目模様が入る。色にかなりの個体差があり、緑色や黄色など。日光と乾燥を好むため、水は控えめに。

朱弦玉 しゅげんぎょく

Lithops –

別 名	–
タイプ	冬型
難易度	🌿
直 径	4cm

頂部には赤色〜褐色の不明瞭な模様が荒く入るが、色の違いなど個体差がある。春に脱皮して脱皮が終わる夏に休眠する。

朱唇玉 しゅしんぎょく

Lithops karasmontana

別 名	–
タイプ	冬型
難易度	🌿
直 径	3.5cm

カラスモンタナ（花紋玉）の改良種。淡い紫色の肌に、焼き色をつけたような頂部の赤褐色が特徴。割れ目からキクのような白い花を咲かせる。

大理石 だいりせき

Lithops julii var. *chrysocephala*

別 名	–
タイプ	冬型
難易度	🌿
直 径	4.5cm

名前の通り大理石のような白色の葉が特徴で、頂部に濃い茶色の模様が入る。秋に白色の花を咲かせる。冬は暖かい日を選んで水やりをする。

トップレッド

Lithops karasmontana ' Top Red '

別 名	－
タイプ	冬型
難易度	🌱
直 径	4.5cm

青みがかったグレーのボディに、はっきりと入る赤い網目模様が印象的で、花色のバリエーションが豊富。水が多いと身割れする。

日輪玉 にちりんぎょく

Lithops aucampiae

別 名	－
タイプ	冬型
難易度	🌱
直 径	3.5cm

赤茶色のボディに、濃い茶色の細かい網目模様が入る大型種。丈夫で育てやすく、初心者にも向く。秋に黄色、白、ピンクなどの花が咲く。

白勲玉 はくくんぎょく

Lithops karasmontana var. *opalina*

別 名	－
タイプ	冬型
難易度	🌱
直 径	4.5cm

同属のなかでは中〜大型。個体差があり、ボディや頂部の色はバライティ豊かで、幻想的な色合いが魅力的。湿気に弱いので注意。

巴里玉 ぱりぎょく

Lithops hallii

別 名	－
タイプ	冬型
難易度	🌱
直 径	4cm

ボディは緑系、茶色系、赤系とさまざまで、頂部に赤褐色の網目模様が入る。増やし方は、実生、挿し木、株分け。

微紋玉 びもんぎょく

Lithops fulviceps

別 名	－
タイプ	冬型
難易度	🌱
直 径	4cm

ボディはグレーで、頂部は淡いオレンジ色に茶褐色の細かいドットのような模様が入るが、個体差がある。夏は遮光し、断水気味に管理する。

富貴玉 ふうきぎょく

Lithops hookeri

別 名	－
タイプ	冬型
難易度	🌱
直 径	3.5cm

ボディの色は赤みがかったグレーをしており、脳のような網目模様が入るが、色や模様は個体差がある。水のやりすぎに注意。

福来玉 ふくらいぎょく

Lithops julii ssp. *fulleri*

別 名	－
タイプ	冬型
難易度	🌿
直 径	4cm

ボディは赤～茶色、灰褐色などで個体差があり、網目模様が入る。日によく当て、乾かし気味に管理するとよい。秋に白い花が咲く。

弁天玉 べんてんぎょく

Lithops lesliei var. *venteri*

別 名	－
タイプ	冬型
難易度	🌿
直 径	4cm

グリーン系のボディで、黄緑色の頂部には模様が入る。梅雨や夏は断水気味にし、ほかの時期は日当たり、風通しのよい場所で管理。

ボルキー

Lithops pseudotruncatella ssp. *volkii*

別 名	－
タイプ	冬型
難易度	🌿
直 径	3.5cm

白色のボディに頂部が大理石のような乳白色。頂部には紫色の模様が入る。曲玉の亜種。ほかのリトープスと違い花は6月～7月に咲く。

曲玉 まがたま

Lithops pseudotruncatella

別名	−
タイプ	冬型
難易度	🌱
直径	3,5cm

上から見ると丸く、割れ目が小さいのが特徴。頂部は平らで、模様は小さなひび割れと透明な点線が入る。頂部が白っぽいのは珪石などに擬態しているためといわれる。日差しを好むが、夏の休眠期には遮光して管理する。

麗虹玉 れいこうぎょく

Lithops dorotheae

別名	−
タイプ	冬型
難易度	🌱
直径	4cm

ベージュのボディに、頂部はぷっくりと丸みを帯びる。頂部の色は個体差があるが、くっきりとした濃い赤色の枝模様が入るのが特徴的。休眠期の夏も遮光した日光に当てることで徒長を防げる。

サボテン
ほか
多肉植物図鑑

古くから親しまれてきたサボテン、近年注目が集まる根や茎が肥大したコーデックスなど、その姿がユニークな多肉植物をここでは紹介します。

Cactus

サボテン

サボテン科

DATA

原産地	メキシコ、南米、中米など
タイプ	夏型
開花期	3月～5月
難易度	🌿（一部 🌿🌿🌿）

金鯱（きんしゃち）

トゲとユニークな株姿が特徴的

　サボテンには、鋭いトゲがあるものや、綿毛をもつもの、丸形、柱形など多くの種類があり、その株姿はいずれもユニーク。また、ほとんどの種類が丈夫で育てやすいのも魅力です。

　ギムノカリキウムは、真夏の高温が苦手です。やわらかい日差しに調整して管理します。

　マミラリアは強い光を好みます。ただし、日本の多湿が苦手なため、真夏は水やりを控えめにします。

　セレウスは上に向かって細長く成長する柱型のサボテンです。十分な日差しと、風通しのよい場所であれば順調に育ちます。

	1月	2月	3月	4月	5月	6月	7月	8月	9月	10月	11月	12月
生育	休眠	生育緩慢	生育					半休眠	生育			休眠
			開花（ギムノカリキウム）、ほか品種によって時期が違う									
置き場	屋外の簡易フレームまたは日当たりのよい窓辺		日当たりと風通しがよい屋外または温室、簡易フレーム									
肥料				薄めの液肥を1カ月に2回					薄めの液肥を1カ月に1回			
水やり	1カ月に1回表面が湿る程度	断水	表面の土が乾いたらたっぷり				表面の土が乾いたら3～4日後に1回		表面の土が乾いたらたっぷり			1カ月に1回表面が湿る程度
作業			植え替え、株分け、挿し芽						植え替え			
			薬剤散布				薬剤散布		薬剤散布			

海王丸 かいおうまる

Gymnocalycium denudatum

別名	－
タイプ	夏型
難易度	🌿🌿
直径	7cm

緑から暗緑色のつるりとした肌に、曲がりくねったトゲをつけるのが特徴。春から秋に、大輪で純白の花が咲く。軽く遮光して管理するとよい。

ギムノカリキウム LB2178

Gymnocalycium friedrihii LB2178

別　名	－
タイプ	夏型
難易度	🌱🌱
直　径	6.5cm

近年、パラグアイで発見された系統。はっきり
とした横縞模様が入り、上から見ると幾何学模
様を描く。直射日光と高温多湿に注意する。

金銀司 きんぎんつかさ

Mammillaria nivosa

別　名	－
タイプ	夏型
難易度	🌱
直　径	9cm

小型種が多いマミラリアのなかで比較的大きく
育つ。球形で放射状に出る金色のトゲが美しい。
黄色の花を咲かせたあと赤い実をつける。

金晃丸 きんこうまる

Parodia leninghausii

別　名	－
タイプ	夏型
難易度	🌱
直　径	7.5cm

緑色の肌に、やわらかく黄色いトゲが覆い、色
のコントラストが美しい。サボテンらしい姿で
円筒状に成長し、群生。大株に育つと黄色い花
が咲く。

金獅子 きんじし

Cereus variabi lis f. *monstrosa*

別 名	柱獅子（はしらしし）
タイプ	夏型
難易度	🌱
直 径	8cm

柱獅子が石化したもので、成長点が複数あるのが特徴。姿はどこか和を感じさせる。耐暑性があり、丈夫で育てやすいが、成長は遅い。

金鯱 きんしゃち

Echinocactus grusonii

別 名	－
タイプ	夏型
難易度	🌱
直 径	15cm

通称「サボテンの王様」と呼ばれ、サボテンのなかでは有名な品種。冬の寒さにはある程度耐えるが、夏は遮光して管理するとよい。

原寸

トゲは規則正しくつき、鮮やかな金色。

紅葉碧瑠璃鸞鳳玉 こうようへきるりらんぽうぎょく

Astrophytum myriostigma var. *nudum*

別 名	紅葉ヘキラン（こうようへきらん）、紅葉ランポー玉（こうようらんぽーだま）
タイプ	夏型　　難易度 🌱
直 径	8cm

緑色のなめらかな肌に美しい赤色や黄色が入る。頂部から株元にかけて稜があり、トゲがなく刺座（しざ／トゲの下につく綿毛）のみ。丈夫で育てやすい。

黄金司 こがねつかさ

Mammillaria elomgata

別 名	－
タイプ	夏型
難易度	🌿
直 径	6cm

緑色の円筒形の株に、黄色のトゲが放射状につく。成長スピードが速く、子株をぽこぽことたくさん出して群生。あまり手がかからない。

守殿玉 しゅでんぎょく

Gymnocalycium ochoterenae

別 名	－
タイプ	夏型
難易度	🌿
直 径	7.5cm

かぼちゃのような縦線がくっきり入り、均等にトゲをつける。遮光気味に管理し、水やりは土が乾いたらたっぷりと与えるようにする。

バニーカクタス

Opuntia microdasys var. *albispina*

別 名	白桃扇（はくとうせん）、白鳥帽子（しろえぼし）、象牙団扇（ぞうげうちわ）
タイプ	夏型	難易度 🌿
直 径	17cm

ウチワサボテンの小型種。葉は白く細かいトゲに覆われ、子株が生えるとうさぎのように見える。しっかり日に当てて育てるのがポイント。

ブカレンシス

Mammillaria bucareliensis

別　名	－
タイプ	夏型
難易度	🌿
直　径	10cm

複数ある突起がまるで金平糖のよう。突起と突起の間は白い綿毛で覆われる。大きく成長するが、小型に抑えたいときは日照と通風を十分に。

複隆碧瑠璃鸞鳳玉　ふくりゅうへきるりらんぽうぎょく

Astorophytum myriostigma var. nudum f.

別　名	複隆ヘキラン（ふくりゅうへきらん）、複隆ランポー玉（ふくりゅうらんぽーだま）
タイプ	夏型　　難易度　🌿
直　径	9cm

肌はつやがあり、不規則なデコボコができる。デコボコが激しく大きい方が人気がある。トゲはなく刺座のみ。丈夫で育てやすい。

瑠璃兜丸 るりかぶとまる

Astorophytum asterias f. nudum

別　名	瑠璃兜（るりかぶと）
タイプ	夏型
難易度	🌿🌿🌿
直　径	6cm

深緑の肌はつるりとしており、ぽつぽつと着く白い綿毛がかわいらしい。急激な環境変化に弱いので注意する。冬は5℃以上を保つ。

Adenia
アデニア
トケイソウ科

DATA

原産地	南アフリカ、マダガスカル島など
タイプ	夏型　**開花期** 4月中旬～7月
難易度	🌱（一部 🌱🌱🌱）

ぽってりとした太い幹がチャーミング

コーデックス（塊根植物）として人気があるアデニアは、幹が太くなるつる性の植物です。垂直に立ち上がる茎からつるを伸ばし、塊根部を守る性質があります。

休眠明けの春先から、日当たり、風通しのよい場所で管理します。ただし、強い日差しと雨が苦手なので、生育期である夏の時期は直射日光と雨に当たらないように注意してください。水やりは用土が乾いたらたっぷりと与えましょう。冬は、最低温度が5～10℃以下にならないようにし、葉がすべて落ちたら断水します。

	1月	2月	3月	4月	5月	6月	7月	8月	9月	10月	11月	12月
生育	休眠					生育					生育緩慢	休眠
			開花									
置き場	日当たりのよい窓辺			日当たりと風通しがよく雨の当たらない屋外							日当たりのよい窓辺	
肥料				薄めの液肥を1カ月に1回								
水やり	表面の土が乾いたら3～4週間後に1回			表面の土が乾いたら1週間後に1回							表面の土が乾いたら3～4週間後に1回	
作業			薬剤散布	植え替え、挿し芽、仕立て直し			薬剤散布				薬剤散布	

アデニア・グラウカ

Adenia glauca

別　名	幻蝶（げんちょう）カズラ
タイプ	夏型
難易度	🌱
直　径	60cm

塊根は上部が緑色、下部が白色で、徳利のような形をしているのが特徴的。つる性の枝に5つに分かれた掌状の葉を下向きにつける。

アデニア・グロポーサ

Adenia globosa

別　名	－
タイプ	夏型
難易度	🌱🌱
直　径	24cm

緑色の塊根はごつごつとした肌をしており、最大で直径1mになるものも。茎には大きなトゲがあり、葉は出るがすぐに落ちるのが特徴。

原寸

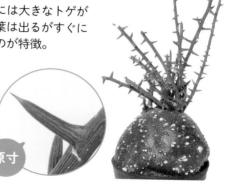

163

アデニウム/パキポディウム

キョウチクトウ科

DATA

原産地	アフリカ、マダガスカル島など
タイプ	夏型　開花期　4月中旬〜7月
難易度	🌱

個性的な幹の形を楽しむ

　アデニウム・パキポディウムは大きく肥大する幹や根が特徴で、個性的な姿のものが多く、コーデックスとして人気が高い種類です。

　品種によって異なりますが、どちらも年間を通して日当たりのよい場所を好み、夏の暑さにも強いです。冬の寒さを嫌うため、最低気温が15℃以下になったら屋内で管理します。

　日光不足になると徒長しやすいので注意します。また、パキポディウムは長雨に当たりすぎると腐りやすくなるので、雨除けをして水やりをコントロールしましょう。

	1月	2月	3月	4月	5月	6月	7月	8月	9月	10月	11月	12月
生育	休眠					生育					生育緩慢	休眠
					開花							
置き場	日当たりのよい窓辺			日当たりと風通しがよく雨の当たらない屋外							日当たりのよい窓辺	
肥料						薄めの液肥を1カ月に1回						
水やり	表面の土が乾いたら3〜4週間後に1回			表面の土が乾いたら1週間後に1回							表面の土が乾いたら3〜4週間後に1回	
作業			薬剤散布			植え替え、挿し芽、仕立直し					薬剤散布	
							薬剤散布					

アラビクム

Adenium arabicum

別名	アラビカム
タイプ	夏型
難易度	🌱
直径	20cm

太く横に張り出した幹が特徴で、初夏前後にピンクの花を咲かせる。秋に葉が落ちはじめたら水やりを控え、葉がなくなった冬は断水。

パキポディウム・ラメリー

Pachypodium lamerei

別名	ラメレイ
タイプ	夏型
難易度	🌱
直径	24cm

幹にトゲがびっしりつき、ヤシの木のように頂部から葉を広げる。寒さに弱いので冬は室内またはヒーターつきの簡易フレームなどに。

トゲ

アルブカ/ブルビネ

キジカクシ科／ツルボラン科

DATA

原産地	南アフリカなど
タイプ	冬型　開花期 10月〜2月
難易度	🌿🌿

奇妙でユニークな葉姿が人気

アルブカ・ブルビネとも土中の球根や塊茎から出る、ユニークな葉が特徴です。

どちらも生育のタイプは冬型で、生育を開始する秋に葉が伸びてきます。水やりは葉が伸びると同時に行い、夏の休眠期は乾燥気味に水やりをします。

アルブカは日光が十分でないと葉が伸びるので、できるだけ屋外で管理します。3〜5℃の寒さには耐えます。ブルビネは霜や北風が当たらないように簡易フレームなどで管理します。夏に蒸れると枯れるので注意します。

	1月	2月	3月	4月	5月	6月	7月	8月	9月	10月	11月	12月
生育	生育	生育緩慢	生育				休眠		生育			
	開花										開花	
置き場	霜の当たらない屋外の日なた		日当たりと風通しがよく雨の当たらない屋外				風通しがよく雨の当たらない半日陰		日当たりと風通しがよく雨の当たらない屋外			
肥料	薄めの液肥を1カ月に1回		薄めの液肥を1カ月に1回								薄めの液肥を1カ月に1回	
水やり	表面の土が乾いたら3〜4週間後に1回		表面の土が乾いたらたっぷり				表面の土が乾いたら1カ月に1回		表面の土が乾いたらたっぷり			
作業			薬剤散布						植え替え、株分け、葉挿し、仕立て直し			
									薬剤散布			

スピラリス

Albuca spiralis

別名	アルブカ・スピラリス
タイプ	冬型
難易度	🌿🌿
直径	7cm

アルブカの代表的な品種。葉の先端がくるくると巻く姿がユニーク。強光に当てて育てることで葉が巻く。

葉

マルガレタエ

Bulbine margarethae

別名	マルガレサエ
タイプ	冬型
難易度	🌿
直径	6cm

土中の塊根から、やや肉厚で細い葉をつける。葉にあるくっきりとした網目模様が特徴的。生育期は日当たり、風通しのよい場所で管理する。

Sinningia leucotricha

断崖の女王 だんがいのじょおう

イワタバコ科シンニンギア属

DATA

別　名	シンニンギア・レウコトリカ
原産地	ブラジル
タイプ	冬型
開花期	9月〜11月
難易度	🌱
直　径	11cm

大きな塊根の頭から茎を伸ばし、葉や花はやわらかい産毛で覆われる。生育期は日光に当て、水をたっぷり与える。葉が落ちたら断水。

	1月	2月	3月	4月	5月	6月	7月	8月	9月	10月	11月	12月
生育	生育緩慢		生育				休眠			生育		生育緩慢
									開花			
置き場	屋内または簡易フレーム		日当たりと風通しがよく雨の当たらない屋外									
肥料			薄めの液肥を1カ月に1回							薄めの液肥を1カ月に1回		
水やり	表面の土が乾いたら3〜4週間後に1回		表面の土が乾いたらたっぷり				表面の土が乾いたら2〜3週間後に1回		表面の土が乾いたらたっぷり			表面の土が乾いたら3〜4週間後に1回
作業				植え替え				植え替え				
			薬剤散布					薬剤散布				

塊根

Dioscorea elephantipes

亀甲竜 きっこうりゅう

ヤマノイモ科・ディオスコレア属

DATA

別　名	ディオスコレア・エレファンティペス
原産地	南アフリカ
タイプ	冬型
開花期	9月〜11月
難易度	🌱🌱
直　径	24cm

コルク質で半球体の塊根には、亀の甲羅のような亀甲状の突起があるのが特徴的。つる性の枝に、ハート形のつやのある葉をつけるのも魅力。

	1月	2月	3月	4月	5月	6月	7月	8月	9月	10月	11月	12月
生育	生育緩慢		生育				休眠			生育		生育緩慢
									開花			
置き場	屋内または簡易フレーム		日当たりと風通しがよく雨の当たらない屋外									
肥料			薄めの液肥を1カ月に1回							薄めの液肥を1カ月に1回		
水やり	表面の土が乾いたら3〜4週間後に1回		表面の土が乾いたらたっぷり				表面の土が乾いたら2〜3週間後に1回		表面の土が乾いたらたっぷり			表面の土が乾いたら3〜4週間後に1回
作業				植え替え				植え替え				
			薬剤散布					薬剤散布				

用語集・
植物名さくいん

用語集

あ

赤玉土 あかだまつち
火山灰土の赤土を乾燥させたもの。通気性、保水性、保肥性がある。

植え替え うえかえ
ほかの鉢などに植え替えること。古い根は切り取り、用土は新しいものにする。

液肥 えきひ
液体状の肥料。速効性がある。

園芸品種 えんげいひんしゅ
原種などから選抜・交配などでつくられた品種。

親株 おやかぶ
根を分けるときの元になる株のこと。⇔子株

か

科 か
分類学上のひとつの階級のこと。属よりも上位。

塊茎 かいけい
地下茎が養分を蓄え、肥大して塊状になったもの。

塊根 かいこん
根が養分を蓄え、肥大して塊状になったもの。

花茎 かけい
先端に花がつき、その下の葉がついていない茎の部分。

過湿 かしつ
植えている鉢内部の水分が多すぎる状態のこと。

下垂 かすい
垂れ下がること。

化成肥料 かせいひりょう
肥料の中に窒素、リン酸、カリの3成分のうち、2成分以上を含む、化学的な合成によってつくられた無機質肥料。

鹿沼土 かぬまつち
栃木県鹿沼産の軽石。通気性がよく保水力がある。

株 かぶ
植物の地上部分から見えている本体のこと。

株立ち かぶだち
株元から複数の幹や茎が発生して立ち上がるもの。

株元 かぶもと
土に植えられた植物の、地面と接している部分。

株分け かぶわけ
株を掘り上げて分割すること。株分けをすることで、株数をふやせる。

花弁 かべん
花びらのこと。

寒冷紗 かんれいしゃ
遮光や防虫、防寒の目的で植物に覆って保護する資材。

休眠 きゅうみん
植物の成長や活動が一時的に停止する、あるいはにぶること。この時期を「休眠期」という。

鋸歯 きょし
葉のフチの部分がギザギザとしていること。

切り戻し きりもどし
枝や茎の先端からつけ根の間を切ること。切り詰め・切り返しとも。

グラウンドカバー

地面を覆う植物のこと。美観を保ったり、土壌の乾燥を防ぐなどの役割がある。

群生　ぐんせい

親株が複数の子株を吹き、多くの株が群がって生えること。

原産地　げんさんち

植物が自然の状態でもともと生息していた場所のこと。

くん炭　くんたん

籾殻などを蒸し焼きにして炭化させたもの。通気性や保水性を高めることができる。

交配　こうはい

人為的に違った種や品種と受粉、受精させること。

交配種　こうはいしゅ

園芸界では、遺伝的に異なる2個体の交配により生まれた種のことを指す。偶発的な交配は「雑交配種」。

コーデックス

塊根植物。茎や根が塊状になるタイプの総称的な通称。

子株　こかぶ

親株から別れた新しい株。⇔親株

子吹き　こふき

親株から脇芽やランナーが出ること。

さ

挿し木　さしき

親株から切り取った枝や茎などを土に挿し、根づかせること。繁殖方法のひとつ。

挿し穂　さしほ

挿し木や葉挿しに使われる枝や茎、葉のこと。

地植え　じうえ

庭や花壇などの地面に直接植えること。

刺座　しざ・とげざ

サボテン科の植物に見られる、トゲのつけ根にある綿毛に覆われた組織の部分。

自生　じせい

植物が自然の状態で生育・繁殖すること。

仕立て　したて

幹や枝、葉などを、目的とする姿につくりあげる作業のこと。

下葉　したば

茎の下のほうについている葉。

遮光　しゃこう

植物に直射日光が当たらないよう、ネットや布などで日光を遮ること。

遮光ネット　しゃこうねっと

植物を直射日光と高温から守るネット。

生育型　せいいくがた

多肉植物の自生地の環境を日本の気候に照らし合わせ、生育がもっとも盛んになる季節にあてはめて「春秋型」「夏型」「冬型」の3タイプに分類したもの。

生育期　せいいくき
植物が旺盛に成長する時期のこと。

成長点　せいちょうてん
植物の根や茎の先、細胞分裂や器官形成を行う部分。

石化　せっか・いしか
株の成長点がなんらかの突然変異により、異形に成長すること。「帯化」「綴化」ともいう。

属　ぞく
分類学上のひとつの階級。科より下位で、種よりも上位。

た・な

耐陰性　たいいんせい
日が当たらない日陰でも生育する性質のこと。

耐寒性　たいかんせい
低温でも生育する性質のこと。

多湿　たしつ
湿気が多いこと。

多肉植物　たにくしょくぶつ
葉や茎、根の内部に水分や養分をたくわえて「多肉化」した植物の総称。

断水　だんすい
多肉植物やサボテンが休眠期に入ったとき、水やりを極力控えること。

地下茎　ちかけい
根とは違い、地下に伸びる茎のこと。地下茎を伸ばし養分を蓄えたり繁殖したりする。

追肥　ついひ
植物が生育している間に施す肥料のこと。⇔元肥

刺　とげ
植物体の表面から突出した先端が尖った針状の突起物のこと。

徒長　とちょう
茎が細く伸びてヒョロヒョロと間伸びした状態になること。日照不足や、肥料や水分の過多などで生じる。

中斑　なかふ
葉の中央の色素が抜け、その部分が白色や黄色などになった状態。

錦　にしき
品種名の後ろに「錦」をつけ、斑入り品種であることを示す。

日照　にっしょう
直射日光に照らされること。

根腐れ　ねぐされ
主に水のやりすぎが原因で、根が十分に呼吸できずに腐ってしまうこと。

根詰まり　ねづまり
根が鉢の中で伸びすぎて、余地がなくなってしまうこと。

根鉢　ねばち
鉢に植えられた植物が根を張り、土と根がかたまりになったもの。

は

培養土　ばいようど
植物を栽培するために、肥料や土などを混ぜ合わせてつくられたもの。

葉挿し　はざし
1枚の葉を土に挿して発芽させる繁殖方法。

発根 はっこん
植物から根が出ること。

花がら はながら
花が咲き終わっても散らずに残る枯れた花のこと。

葉水 はみず
葉が濡れる程度に水やりをすること。

葉焼け はやけ
強い直射日光で葉が変色すること。

半日陰 はんひかげ
短い時間日光が当たる場所。または1日に3〜4時間程度の日照がある場所のこと。

斑紋 はんもん
まだら模様のこと。

斑入り ふいり
葉の一部、または全部が白色や黄色などになった状態。

覆輪 ふくりん
斑が葉を縁取るように入っているもの。

腐葉土 ふようど
落ち葉などが堆積して腐った土のこと。培養土をつくるときに使う。

ブルーム
多肉植物の葉や茎の表面にある白い粉のような物質。

分枝 ぶんし
植物の茎や幹から枝が分かれること。

保水性 ほすいせい
水を蓄え、保つこと。

ま

窓 まど
ハオルチアなどに見られる、葉にある透明感のある部分。

実生 みしょう
種子から発芽して生育する、または種子をまいて育てること。

水はけ みずはけ
水を排水すること。

木質化 もくしつか
植物の細胞壁にリグニンが沈着し、組織が固くなること。

元肥 もとひ
苗を植える前に施す肥料のこと。⇔追肥

ら

ランナー
親株から出た茎が、地上をはうように伸び、その先端の節から芽や根を出し、子株となるもの。走出枝ともいう。

ロゼット
植物の葉が放射状に広がり、バラの花のような形になること。

植物名さくいん

監修

オザキフラワーパーク

1961年、練馬区石神井台に園芸植物の生産業として創業。1975年、現在の園芸専門店として開店。その後、売場を拡大し、現在は駐車場を含めて約3000坪の敷地にて営業している。"Feel the Power of Plants"（感じよう！植物の力！）をスローガンに、花・多肉植物・観葉植物・珍奇植物・野菜の苗など、あらゆる植物の販売や情報発信、イベント開催を行う。販売している植物の種類・数とも都内最大級。監修書に『花の寄せ植え 主役の花が引き立つ組み合わせ』『プランターで楽しむ おうちで野菜づくり』（以上、池田書店）がある。

STAFF

写真撮影：田中つとむ、新井大介
撮影協力：オザキフラワーパーク
デザイン・DTP：田中真琴
DTP：松原卓（ドットテトラ）
イラスト：坂川由美香
執筆協力：田中つとむ、齊藤綾子、新井大介
編集制作：新井大介

本書の内容に関するお問い合わせは、**書名、発行年月日、該当ページを明記の上、書面、FAX、お問い合わせフォームにて、当社編集部宛にお送りください。電話によるお問い合わせはお受けしておりません。**また、本書の範囲を超えるご質問等にもお答えできませんので、あらかじめご了承ください。
　FAX：03-3831-0902
　お問い合わせフォーム：https://www.shin-sei.co.jp/np/contact.html

落丁・乱丁のあった場合は、送料当社負担でお取替えいたします。当社営業部宛にお送りください。
本書の複写、複製を希望される場合は、そのつど事前に、出版者著作権管理機構（電話：03-5244-5088、FAX：03-5244-5089、e-mail：info@jcopy.or.jp）の許諾を得てください。
JCOPY ＜出版者著作権管理機構 委託出版物＞

はじめての多肉植物 育てる・ふやす・楽しむ

2023年 7月15日　初版発行
2024年10月15日　第2刷発行

監修者　　オザキフラワーパーク
発行者　　富 永 靖 弘
印刷所　　株式会社新藤慶昌堂

発行所　東京都台東区　株式　新 星 出 版 社
　　　　台東2丁目24　会社
　　　　〒110-0016　☎03(3831)0743

© SHINSEI Publishing Co., Ltd,　　　　Printed in Japan

ISBN978-4-405-08571-8